FORSCHUNGSBERICHTE DES LANDES NORDRHEIN-WESTFALEN

Nr. 1564

Herausgegeben

im Auftrage des Ministerpräsidenten Dr. Franz Meyers

von Staatssekretär Professor Dr. h. c. Dr. E. h. Leo Brandt

Prof. Dr.-Ing. Alfred H. Henning †

Prof. Dr.-Ing. habil. Karl Krekeler, Aachen

Dipl.-Ing. Friedrich Mittrop, Aachen

Institut für Kunststoffverarbeitung in Industrie und Handwerk an der Rhein.-Westf. Techn. Hochschule Aachen in Zusammenarbeit mit der Forschungsgesellschaft Blechverarbeitung e. V., Düsseldorf

Untersuchungen über die Kombination Metallkleben – Punktschweißen

Springer Fachmedien Wiesbaden GmbH

ISBN 978-3-663-06556-2 ISBN 978-3-663-07469-4 (eBook)
DOI 10.1007/978-3-663-07469-4

Verlags-Nr. 011564

Ursprünglich erschienen bei Westdeutscher Verlag, Koln und Opladen 1965.

Inhalt

1. Einführung 7

2. Literaturübersicht 10

3. Untersuchungen über den Einsatz des Schweißens zur Fixierung von Metallklebverbindungen 16

3.1 Voruntersuchungen zur Ermittlung geeigneter Schweißverfahren und Klebstoffe 16

3.2 Kleb-Schweißversuche mit Stahlblechen 18

3.2.1 Einfluß der Schweißbedingungen auf die Zugscherfestigkeit 18

3.2.2 Einfluß der Schweißbedingungen auf die Schlagarbeitsaufnahme.. 20

3.2.3 Einfluß des Punktabstandes 21

3.2.4 Elektrodeneindrucktiefe 22

3.2.5 Metallographische Untersuchungen 23

3.3 Kleb-Schweißversuche mit Aluminiumblechen 25

4. Zusammenfassung 28

5. Verwendete Abkürzungen 29

6. Literaturverzeichnis 31

1. Einführung

Das Verbinden von Werkstückteilen ist für die metallverarbeitende Industrie ein Arbeitsprozeß, der sorgfältig überlegt und ausgeführt werden muß. Der Fertigungsablauf und die Fertigungskosten werden von ihm in vielen Fällen entscheidend beeinflußt. Es müssen zahlreiche Einflußgrößen besonders von seiten der Werkstoffeigenschaften und der später auftretenden Beanspruchungsarten berücksichtigt werden.

Zum Zusammenfügen der Werkstücke wurden im Laufe der Zeit verschiedenartige lösbare und unlösbare Verbindungsverfahren entwickelt, von denen die lösbaren Verbindungen im allgemeinen durch Schrauben und Klemmen ausgeführt werden. Zu den festen Verbindungsarten zählen das Nieten, das Weich- und Hartlöten, das Schweißen in seinen unterschiedlichen Ausführungsformen und das heute schon vielfach in der Praxis eingesetzte Kleben mit Kunstharzen. Alle diese Verfahren besitzen Vor- und Nachteile, die für den jeweiligen Anwendungsfall genau beachtet werden müssen.

Näher betrachtet werden soll einleitend das jüngste Verbindungsverfahren, das Kleben, bei dem im Gegensatz zu den anderen Fügeverfahren der Zusammenhalt zwischen den beiden zu verbindenden Metallteilen durch einen artfremden Stoff, den Kunstharz-Klebstoff, hervorgerufen wird.

Die Ursachen für die Bindung zwischen dem Klebstoff und dem Metall sind keine primären chemischen Bindungen, wie es z. B. beim Schweißen der Metalle der Fall ist, sondern vorwiegend sekundäre Bindungen, die den Nebenvalenzen der Metalle und Kunststoffmoleküle zuzuschreiben sind. Sie beruhen im wesentlichen auf Wechselwirkungen elektrischer Dipole der beiden Materialien und sind als die »VAN DER WAALSschen Kräfte« bekannt. Diese Bindungskräfte sind auf molekulare Schichten begrenzt und bilden sich an der Grenzfläche zwischen dem Klebstoff und Fügeteil aus. Zum Herstellen einer guten Klebverbindung ist es unbedingt erforderlich, alle Voraussetzungen zu schaffen, damit diese Adhäsionskräfte zu einer möglichst großen Entfaltung kommen können. Dies geschieht in erster Linie durch eine dem jeweiligen Metall entsprechende Vorbehandlung des Haftgrundes [1].

Gegenüber dem Nieten, dem Schweißen und dem artverwandten Löten besitzt das Kleben einige nicht zu übersehende Vorteile. Es ist ein wärmearmes Fügeverfahren, das beim Herstellen der Verbindung keine Temperaturbeeinflussung des Grundwerkstoffes verursacht. Es können unterschiedliche Materialien miteinander verbunden werden und auch verschiedenartige Metalle, wobei das Kunstharz infolge seiner Isolationseigenschaften eine Kontaktelementbildung verhindert. Im Gegensatz zum Schweißpunkt und zum Niet liefert die Klebschicht eine gleichmäßigere Spannungsverteilung in der Überlappungszone, was sich besonders bei dynamischen Beanspruchungen günstig auswirkt. Sie hat zudem elastische Eigenschaften, wirkt schwingungsdämpfend und schafft druck- und vakuumdichte Verbindungsfugen.

Die Nachteile einer Metallklebung liegen vor allem in der geringen Temperaturbeständigkeit des Kunstharzes und in der großen Empfindlichkeit einer Überlappverbindung gegenüber abschälend wirkenden Krafteinflüssen, die die Klebung linienhaft beanspruchen, so daß nicht die ganze Klebfläche zur Kraftübertragung herangezogen wird. Weiterhin können sich in manchen Fällen die Verarbeitungs- und Aushärtebedingungen wie Topfzeit, Klebstoffaufbringung, Fixier- und Temperaturvorrichtungen, Aushärtezeit usw. für den reibungslosen Fertigungsablauf störend auswirken.

Durch die fortschreitenden Entwicklungsarbeiten auf dem Metallklebsektor konnten diese Nachteile aber immer weiter zurückgedrängt werden. Es sind heute schon Klebstoffe im Handel, die bei Temperaturen bis 300° C noch ausreichende Festigkeiten liefern [2]. Die bereits in Forschungslaboratorien erprobten keramischen Klebstoffe weisen selbst bei 600° C noch beachtliche Bindefestigkeiten auf (Abb. 1) [3, 4]. Durch die Entwicklung spezieller Klebstoffe und geeigneter

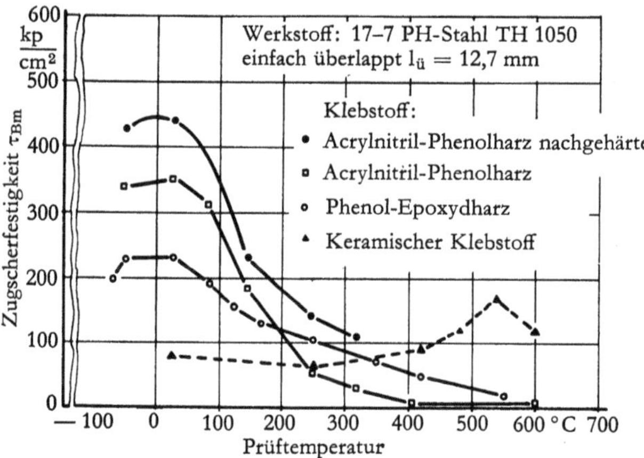

Abb. 1 Zugscherfestigkeit von Metallklebungen abhängig von der Prüftemperatur [3]

kombinierter Verarbeitungsverfahren konnten auch die Verarbeitungsbedingungen für den Fertigungsablauf günstiger gestaltet werden. Es gibt kaltaushärtende Klebstoffe, die Topfzeiten von mehreren Tagen zulassen, wenn Bindemittel und Härter getrennt auf die Fügeteile aufgetragen werden (Abb. 2) [2]. Weiterhin sind kaltabbindende Klebstoffe erhältlich, die nur Aushärtezeiten von einigen Minuten bis wenigen Stunden erfordern (Abb. 3) [2].

Durch das punktweise Schnellaushärten ist eine erste Möglichkeit gegeben, die für den Fertigungsablauf häufig störend wirkenden Fixiervorrichtungen zu ersetzen [5]. Eine zweite Möglichkeit, das Fixieren der Fügeteile unmittelbar nach dem Klebstoffauftrag schnell und dem Fertigungsablauf angepaßt zu erreichen, bietet das kombinierte Kleb-Schweißverfahren. Untersuchungen hierüber wurden am Institut für Kunststoffverarbeitung der TH Aachen im Rahmen dieses vom Land Nordrhein-Westfalen über die Forschungsgesellschaft Blechverarbeitung erteilten Forschungsvorhabens durchgeführt.

Das Ziel dieser Untersuchungen war in erster Linie dahin ausgerichtet, durch einige grundsätzliche Versuche nachzuweisen, ob sich ein Schweißverfahren in den Klebprozeß einschalten läßt und ob eine Schweißstelle die Fixier- und Anpreßvorrichtungen einer Metallklebverbindung vorteilhaft ersetzen kann. Die Schweißstelle soll dabei so ausgebildet sein, daß sie nicht als starres Verbindungselement wirkt und zum Träger der bei mechanischer Beanspruchung auftretenden Kräfte wird. Für die Kraftübertragung soll die Klebschicht verantwortlich sein. Ihre Eigenschaften müssen also erhalten bleiben.

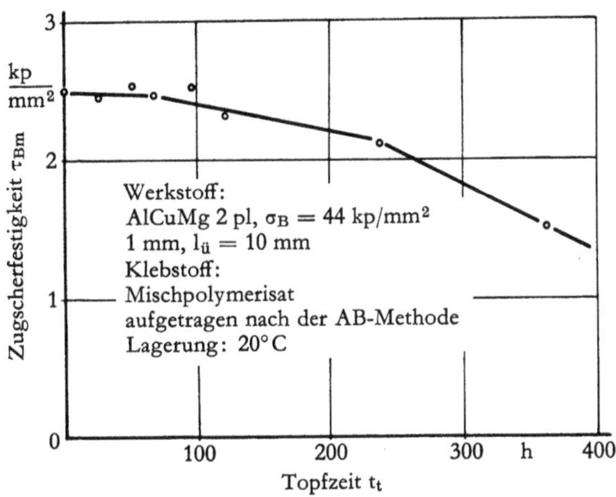

Abb. 2 Topfzeit eines kaltaushärtenden Klebstoffes
AB-Methode = Bindemittel und Härter getrennt aufgetragen

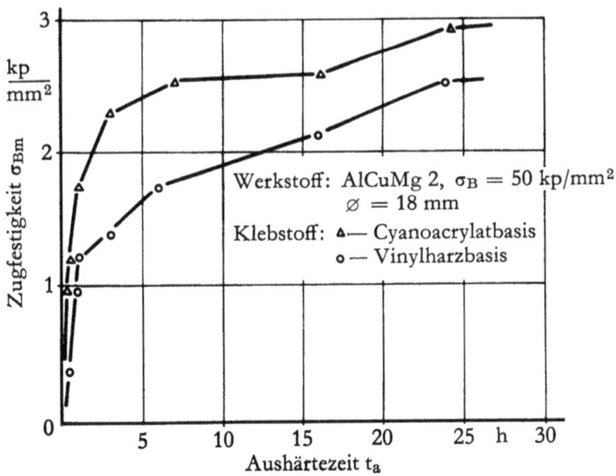

Abb. 3 Zugfestigkeit von Metallklebungen abhängig von der Aushärtezeit bei Raumtemperatur

2. Literaturübersicht

In der in- aus ausländischen Literatur wird vereinzelt darüber berichtet, daß Untersuchungen mit kombinierten Kleb-Schweißkonstruktionen durchgeführt wurden. Die Gründe, die den Anlaß zu diesem kombinierten Verbindungsverfahren gaben, waren dabei unterschiedlich.

Die am Institut für Werkstoffkunde der TH Hannover schon vor mehreren Jahren abgeschlossenen Versuche hatten zum Ziel, die Dauerfestigkeit einer Klebverbindung durch zusätzliche Hilfsglieder zu erhöhen [6]. Das Hilfsglied hatte dabei im wesentlichen nur die Aufgabe, die bei den Biege- und Zugscherbeanspruchungen auftretenden Schälkräfte an den Enden der Überlappung aufzunehmen. Die Zugscherkräfte selbst sollten von der Klebfläche übertragen werden. Untersucht wurden hierbei Hohl- und Popniete und Schweißpunkte, bei denen der Zusammenhalt mit der Umgebung bis auf schwache Stege nach Form A oder B unterbrochen wurde (Abb. 4). Diese Aussparungen an den festen Verbindungen waren

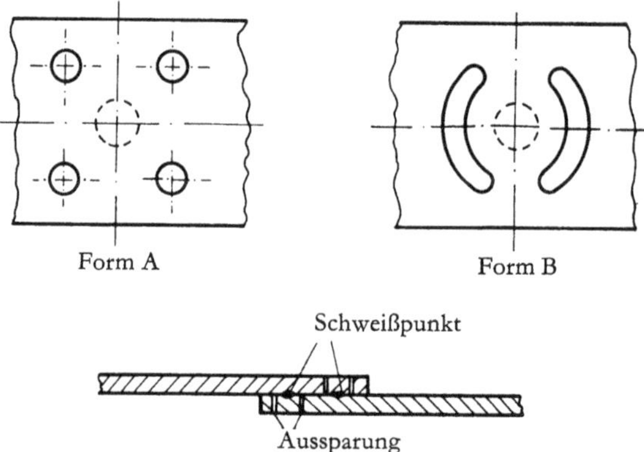

Abb. 4 Durch nachgiebige Punktschweißungen verstärkte Metallklebungen (nach A. Matting)

notwendig, da bei der Verwendung von starren Hilfsgliedern zwar eine Verbesserung der Klebverbindung gegen aufbiegende Kräfte erreicht wurde, die Dauerfestigkeit unter einer Zugschwellast aber abfiel. Die an 1 mm dicken Stahlblechen durchgeführten Zugschwellversuche an einfach überlappten Klebverbindungen ergaben bei einer derartig elastisch ausgeführten Schweißpunkt-Klebverbindung eine deutliche Erhöhung der Dauerfestigkeit. Beim Punkten geklebter Verbindungen aus Leichtmetallen traten jedoch einige Schwierigkeiten auf, da sich der Klebstoff vereinzelt explosionsartig entzündete.

Auch am Zentralinstitut für Schweißtechnik, Halle (Saale), konnte durch Versuche nachgewiesen werden, daß bei den hier gewählten Klebbedingungen und Konstruktionsformen die Zugschwell- und Biegewechselfestigkeit einer kombinierten Punktschweiß-Klebverbindung der reinen Punktschweiß- bzw. der reinen Klebverbindung überlegen sind (Tab. 1) [7]. Eingesetzt wurde für diese Untersuchungen ein kalt aushärtender Polyesterharz-Klebstoff mit Aluminiumpulverzusätzen. Das Punkten erfolgte unmittelbar nach dem Auftragen des Klebstoffes auf die sandgestrahlten Klebflächen, solange er noch flüssig war. Nach der Zerstörung der Verbindung konnte in der Umgebung des Schweißpunktes keine wesentliche Veränderung des Klebstoffes beobachtet werden.

Tab. 1 Dynamische Untersuchungen an kombinierten Kleb-Schweißverbindungen im Vergleich zu nur geklebten oder gepunkteten Verbindungen [7]

Probenform	Verbindung	Zugschwellfestigkeit kp/mm² $\sigma_u/\sigma_o = 0$	Zugschwellfestigkeit kp/mm² $\sigma_u/\sigma_o = 0{,}1$	Punkt-∅ / -teilung
	geklebt	6,0	6,4	
	gepunktet	4,5	5,2	5 / -
	geklebt und gepunktet	7,0	7,5	5 / -
		Biegewechselfestigkeit kp/mm²		
	geklebt	5,0		
	gepunktet	9,0		5 / 25
	geklebt und gepunktet	11,0		5 / 25

Veröffentlichungen über die Anwendungsmöglichkeiten und das Festigkeits- sowie Beständigkeitsverhalten von kombinierten Kleb-Schweißkonstruktionen sind auch in der russischen Literatur erschienen [8, 9]. Die Anlässe, die hier zu diesem neuen Verbindungsverfahren geführt haben, waren neben einer Verbesserung der Dauerfestigkeit der Verbindung vor allem Fragen des Korrosionsschutzes. Einige Ausführungen des russischen Verfassers werden hier wiedergegeben.

Der industrielle Einsatz beanspruchter Dünnblechkonstruktionen aus Aluminiumlegierungen, die mittels Punkt- und Rollnahtschweißung hergestellt waren, wurde lange dadurch aufgehalten, daß es an einem wirkungsvollen Korrosionsschutz der überlappt geschweißten Verbindungen fehlte oder daß sie ungenügende Dauerfestigkeiten aufwiesen. Ein Eloxieren der zu verbindenden Teile nach dem Gleichstrom-Schwefelsäure-Verfahren, das sich als der beste Korrosionsschutz für Aluminium eingeführt hat, war vor dem Verschweißen nicht durchzuführen,

da dies die Möglichkeit einer Widerstandsschweißung infolge des hohen elektrischen Widerstandes der Oxydhaut ausschloß. Ein Anodisieren der Teile nach dem Schweißen war unter normalen Bedingungen auch nicht zulässig, solange sich der Elektrolyt, die Schwefelsäure, die hinsichtlich der Aluminiumlegierungen als aggressives Medium zu betrachten ist, bei Überlappverbindungen in dem Spalt zwischen den verschweißten Teilen festsetzen konnte und hier Korrosionsherde bildete.
Um diese Nachteile auszuschalten, ging man dazu über, kombinierte Kleb-Schweißverbindungen herzustellen, wobei der Klebstoff die ganze Spalte ausfüllte und ein Eindringen der Schwefelsäure verhinderte.

Für diesen Anwendungsfall wurden zwei Fertigungsverfahren entwickelt:

1. Der Klebstoff wird vor dem Schweißen auf die Fügeflächen aufgetragen.
2. Der Klebstoff wird nach dem Verschweißen der Bleche mit einer speziell hierfür entwickelten Vorrichtung in den Überlappungsspalt eingeleitet.

Die Konstruktionsteile werden im Anschluß an das Schweißen und das Abbinden des Klebstoffes nach dem Gleichstrom-Schwefelsäure-Verfahren eloxiert.
Die Hauptforderungen, die bei beiden Verarbeitungsverfahren an die Klebstoffe gestellt wurden, sind:

1. Ausreichende Beständigkeit gegenüber den beim anodischen Oxydieren angewendeten Säure- und Laugenkonzentrationen.
2. Gute Haftwirkung an den plattierten oder unplattierten Oberflächen der zum Einsatz kommenden Aluminiumlegierungen.
3. Gute Beständigkeit gegenüber den bei der Anwendung vorkommenden chemischen und thermischen Beanspruchungen.
4. Klebstoffe für das erste Fertigungsverfahren müssen ein Verschweißen der Teile auch nach einer längeren offenen Wartezeit ermöglichen. Klebstoffe für das zweite Fertigungsverfahren müssen in ihrer Viskosität so eingestellt sein, daß sie infolge Kapillarwirkung den ganzen Spalt ausfüllen.

Für jedes Arbeitsverfahren konnten geeignete Klebstoffe mit und ohne Füllstoffzugaben gefunden oder entwickelt werden. Das Eloxieren derart punktgeschweißter Leichtmetallklebverbindungen bereitete bei der Verwendung dieser Klebstoffe keine Schwierigkeiten mehr.
Weitere Untersuchungen haben gezeigt, daß die Kleb-Schweißverbindungen gegenüber den nur punktgeschweißten, genieteten oder geklebten Verbindungen bei statischer Scherbeanspruchung auch die höchsten Festigkeitswerte brachten (Abb. 5). Die Überlegenheit der kombinierten Kleb-Schweißverbindungen ist bei diesen in Rußland durchgeführten Versuchen sehr eindeutig, sowohl bei den 1 mm dicken als auch 2 mm dicken Blechen, unabhängig von der Anzahl der Punktreihen. Aus dem Diagramm geht weiterhin hervor, daß sich der Einfluß der Klebstoffschicht bei dünnen Blechen mehr auswirkt als bei dicken, wenn man die Bruchfestigkeiten der geschweißten und geklebten Verbindungen vergleicht. Der Ver-

fasser erklärt dies damit, daß der Klebstoff den dünnen Blechen eine größere Steifigkeit verleiht und dadurch die Spannungsverteilung im Querschnitt der Verbindung gleichmäßiger gestaltet. Außerdem ist das Flächenverhältnis der Klebzone und des geschweißten Punktes bei dünnen Blechen größer als bei dicken. Weiterhin ist zu berücksichtigen, daß bei der Schweißung dünner Bleche die Klebschichtdicke dünner ausfällt als beim Schweißen dicker Bleche und dadurch auch zur Festigkeitssteigerung beiträgt.

Die Untersuchungen bei schlagartiger Beanspruchung ließen deutlich erkennen, daß von den kombinierten Kleb-Schweißverbindungen auch die größte Schlagarbeit aufgenommen wird (Abb. 6). Geprüft wurde mit einem Charpy-Fallhammer,

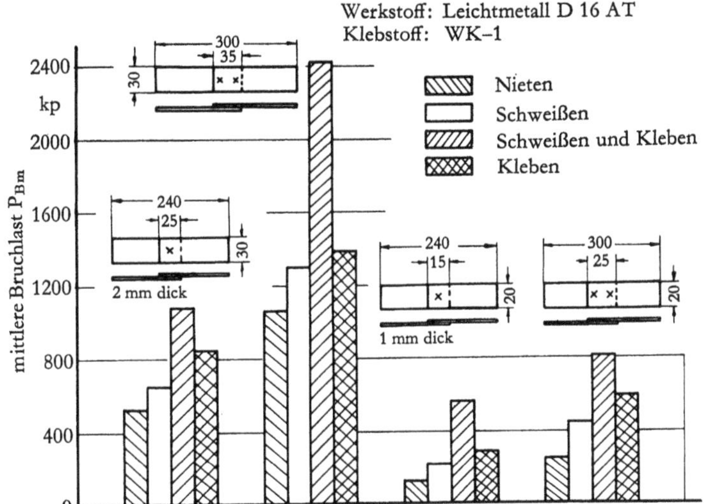

Abb. 5 Bruchlasten verschiedener überlappter Verbindungsarten im statischen Kurzzeitversuch [9]

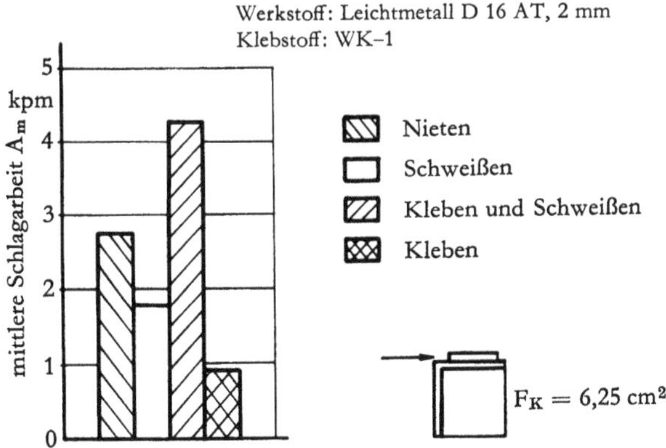

Abb. 6 Schlagarbeitsaufnahme verschiedener Überlappverbindungen bei Schlag-Scher-Beanspruchung [9]

der eine veränderte Konstruktion der Hammerschneide aufwies [10]. Die Probe wurde auf eine zu einem Winkel gebogene Platte gleicher Dicke aufgeklebt oder mit dem Punkt in der Mitte angeschweißt bzw. genietet. Beurteilt wurde hierbei die Schlagarbeit und nicht die auf die Bruchfläche bezogene Schlagzähigkeit.

Die Dauerfestigkeitsprüfungen bei dynamischer Beanspruchung zeigten, daß die Zugschwellbeanspruchung einer Kleb-Schweißverbindung nahezu dreimal so hoch liegt wie die einer reinen Punktschweißung (Abb. 7). Der Bruch des Bleches erfolgte bei den Schweißverbindungen immer am Rande des Schweißpunktes, also in der Zone der Spannungsspitzen. Bei den Kleb-Schweißverbindungen dagegen trat der Probenbruch am Ende der Überlappung auf. Dies deutet darauf hin, daß die Spannungsspitzen am Schweißpunktrand durch die festhaftende

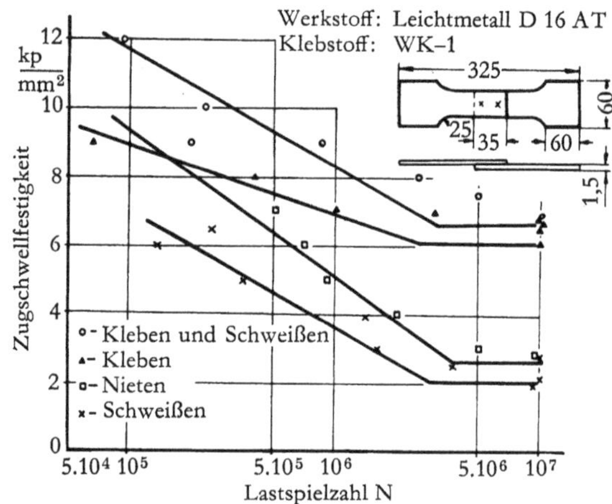

Abb. 7 Zugscherschwellfestigkeit verschiedener Überlappverbindungen [9]

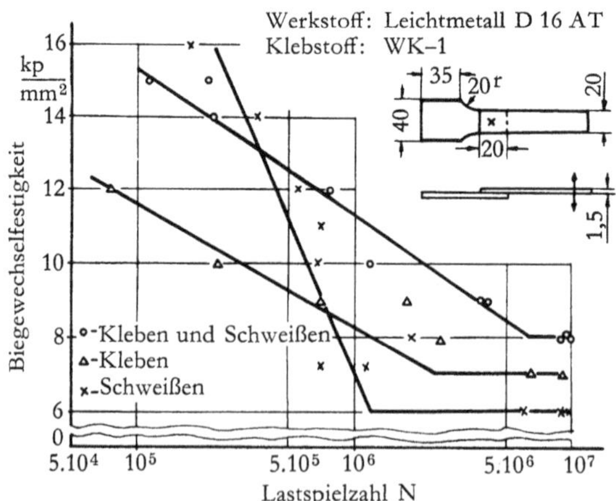

Abb. 8 Biegewechselfestigkeit verschiedener Überlappverbindungen [9]

Klebschicht abgebaut werden. Die Bruchstelle wird dadurch vorteilhaft aus der Wärmeeinflußzone des Schweißpunktes an eine Stelle verlagert, die keiner Schweißerwärmung unterworfen ist.

Auch bei einer dynamischen Biegebeanspruchung wurden mit einer kombinierten Verbindung bessere Werte erzielt als bei einer nur geschweißten oder geklebten Probe (Abb. 8). Bei dieser Beanspruchungsart kommt die Festigkeitserhöhung durch den Klebstoff bei der Kleb-Schweißverbindung jedoch nicht so sehr zum Tragen. Dieser Effekt wird damit erklärt, daß das Überlappungsende sehr hohe Spannungen ertragen muß und den positiven Einfluß der Klebstoffzwischenschicht abschwächt.

Die in diesem Bericht wiedergegebenen Ergebnisse zeigen sehr eindrucksvoll, daß bei Aluminiumlegierungen die kombinierte Kleb-Schweißverbindung von allen Überlappungsarten die höchste Festigkeit bei statischer und dynamischer Beanspruchung aufweist. Das Metallkleben hat hier einen lohnenden Anwendungsbereich gefunden.

3. Untersuchungen über den Einsatz des Schweißens zur Fixierung von Metallklebverbindungen

Die bisher bekannten Versuchsergebnisse über eine Kombination von Metallkleben und Schweißen waren vorwiegend dahin ausgerichtet, die Festigkeit einer punktförmigen Überlappverbindung durch eine zusätzliche Klebschicht zu verbessern. Der spezielle Charakter einer Klebverbindung geht bei einer derartigen Anwendung des Klebstoffes etwas verloren, da der Klebstoff nicht allein, sondern in Kombination mit einem zweiten Verbindungselement die Beanspruchung überträgt, wobei gewisse Nachteile des einen Verfahrens durch die entsprechenden Vorteile des anderen Verfahrens ausgeglichen werden.
Die in der Literatur beschriebenen Untersuchungen entsprechen somit nicht den Versuchen, die im Rahmen dieses Forschungsvorhabens durchgeführt wurden, bei denen die Schweißstelle nur zur Fixierung der Fügeteile vor dem Abbinden und während des Abbindevorganges der Klebstoffe diente.

3.1 Voruntersuchungen zur Ermittlung geeigneter Schweißverfahren und Klebstoffe

In einigen grundlegenden Versuchen wurde an Probekörper aus dem Stahlblech USt 1203, Ziehblech Güteklasse V ($\sigma_B = 33{,}5$ kp/mm², $\sigma_{0,2} = 25{,}4$ kp/mm²), 2 mm dick, zunächst ermittelt, welche Klebstoffe sich für dieses kombinierte Verbindungsverfahren eignen. Eingesetzt wurden hierfür warm- und kaltaushärtende Klebstoffe in unterschiedlichen Lieferformen (Tab. 2).

Tab. 2 Klebstoffe für die Kleb-Schweißversuche

Chem. Basis	Lieferform	Auftrag	Aushärtung
Epoxydharz	Paste	streichen	warm und kalt
Epoxydharz	Pulver	schmelzen	warm
Mischpolymerisat	Paste	streichen	kalt
Phenolharz	Folie	legen	warm
Phenolharz	flüssig – Pulver	streichen – streuen	warm

Die einschnittig überlappten Probekörper hatten eine Klebbreite $b = 30$ mm und Überlappungslänge $l_ü = 10$ mm. Der Schweißpunkt wurde in der Mitte der Überlappung angebracht.
Als Schweißverfahren diente das Punkt- und Buckelschweißen. Für die Schweißversuche stand eine elektronisch gesteuerte Schweißmaschine der Firma Brown Boveri & Cie., Baden, Schweiz, Typ 5c Nr. D, zur Verfügung. Der Strom ließ

sich am Steuergerät in den Grenzen von 21 bis 100% der maximalen Stromstärke von 46000 A einstellen, und der Elektrodendruck konnte in einem Bereich von 60 bis 700 kp stufenweise geregelt werden.
Die Versuche ließen erkennen, daß grundsätzlich alle Klebstoffe, die in viskoser Form auf den Fügeflächen als Klebfilm aufliegen, ein Widerstandsschweißen der metallischen Fügeteilwerkstoffe ermöglichen. Die Schweißdaten müssen dabei in gewisser Hinsicht auf die jeweilige Viskosität des Klebstoffes abgestimmt werden. Klebstoffe in Stangen- oder Pulverform, die auf die Klebfläche aufgeschmolzen werden und nach dem Abkühlen wieder hart sind, oder Klebstoffe, die als Pulver oder Klebfolie auf die Klebflächen aufgebracht werden, verhinderten eine Widerstandspunktschweißung und konnten für eine derartige kombinierte Klebschweißverbindung nicht eingesetzt werden. Diese Klebstoffe ließen auch keine kombinierte Kleb-Schweißverbindung zu, wenn als Schweißverfahren das Buckelschweißen mit der in Abb. 9 gewählten Buckelform gewählt wurde. Trotz hoher Elektrodendrücke bis zu 500 kp war es nicht möglich, den festen Klebfilm zu durchdringen. Vielleicht führt hier eine sehr spitze Buckelform eher zum Erfolg. Dieses Schweißverfahren hat aber die großen Nachteile, daß der Buckel in einem vorhergehenden Arbeitsgang in das Blech eingebracht werden muß und daß die Oberfläche eines der Fügeteile sehr deformiert wird. Diese Deformation ist auch

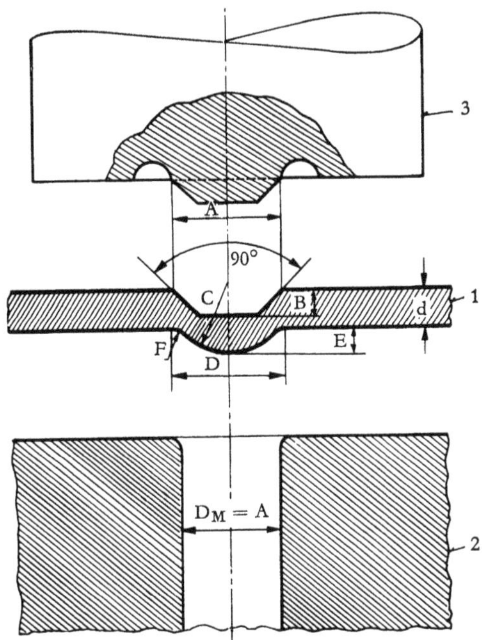

Abb. 9 Buckelform für Buckelschweißung [11]

1 = Blech	A = 4,62 mm	D = 4,75 mm
2 = Matrize	B = 1,60 mm	E = F = 1,12 mm
3 = Patrize	C = 2,00 mm	d = 2 mm

nach dem Schweißprozeß noch deutlich sichtbar. Außerdem erhält man infolge des Buckels unzulässig große Klebschichtdicken, so daß die Aufgabe des ausgehärteten Klebstoffes, Kräfte zu übertragen, nicht mehr optimal erfüllt wird. Das Buckelschweißen ist ein Verfahren, das den in diesem Forschungsvorhaben gestellten Forderungen nicht gerecht wird.
In Vorversuchen wurde weiterhin festgestellt, daß für Klebstoffe, die zum Aushärten in einer Klebfuge einen erhöhten Anpreßdruck erfordern, wie z. B. die Phenolharzklebstoffe, das Anpressen mittels Schweißpunkte nicht ausreicht. Man erhält zwischen den Punkten sehr inhomogene und blasige Klebschichten, die keine Beanspruchung übertragen können. Dies ist darauf zurückzuführen, daß der Klebstoff infolge der starren Schweißpunkte keinen Anpreßdruck mehr erfährt, wenn er beim Erreichen der Aushärtetemperatur weich wird und zusammenläuft. Kombinierte Kleb-Schweißverbindungen können mit Klebstoffen, die während des Abbindevorganges einen Anpreßdruck erfordern, nicht hergestellt werden.

3.2 Kleb-Schweißversuche mit Stahlblechen

Die weiteren Untersuchungen waren dahin ausgerichtet, mit einem in Pastenform vorliegenden Epoxydharzklebstoff für 1 mm und 2 mm dicke Stahlbleche USt 1203, Ziehblech Güteklasse V ($\sigma_B = 33{,}5$ kp/mm^2, $\sigma_{0,2} = 25{,}4$ kp/mm^2), optimale Verarbeitungsbedingungen zu finden, die eine verzugsfreie kombinierte Kleb-Punktschweißverbindung ergeben. Die Schweißbedingungen wurden dabei so gewählt, daß möglichst geringe Elektrodeneindruckstellen entstanden und daß die Festigkeiten der ausgehärteten Verbindungen von der Klebschicht bestimmt wurden. Die Punktschweißung wirkte nur als Fixiervorrichtung vom Zeitpunkt des Zusammenlegens bis zum Abschluß der Aushärtung. Es mußte bei den Versuchen daher besonders darauf geachtet werden, welche Festigkeiten die mit Klebstoff versehenen und geschweißten Bleche vor dem Aushärten des Klebstoffes erreichten.
Die Form und Abmessung der Probekörper waren die gleichen, wie sie unter 3.1 angegeben sind.

3.2.1 Einfluß der Schweißbedingungen auf die Zugscherfestigkeit

Wenn die Schweißbedingungen günstig gewählt wurden, konnten bei 1 mm und 2 mm dicken Stahlblechen trotz der Klebstoffzwischenschicht ausreichende Festigkeiten erzielt werden, die ein gefahrloses Weitertransportieren und Verarbeiten der noch nicht ausgehärteten Klebverbindungen gewährleisteten (Abb. 10). Bei gleichen Schweißbedingungen lagen die Bruchwerte der Proben mit einer noch nicht ausgehärteten Klebstoffzwischenschicht besser als bei den nur gepunkteten Blechproben. Der Klebstoff wirkte sich günstig auf das Schweißen aus.

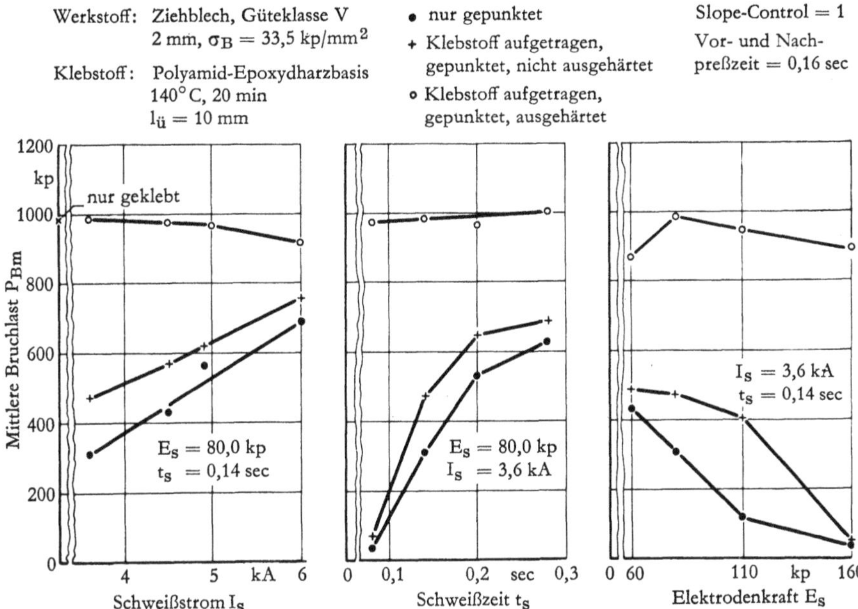

Abb. 10 Einfluß der Schweißbedingungen auf die Bruchlast kombinierter Kleb-Schweißverbindungen

Tab. 3 Schweißqualität für Ziehblech nach der RWMA (Resistance Welder Manufacturer's Association, USA)

Klasse	geforderte Festigkeit	Einstellung			Bruchlast P_B		
		E_s	I_s	t_s	$P_{B_{mit}}$	$P_{B_{max}}$	$P_{B_{min}}$
	%	kp	kA	sec	kp	kp	kp
A	100	480	13,0	0,35	1520	1540	1470
B	90	320	9,6	0,60	1452	1520	1380
C	80	160	8,0	0,96	1425	1520	1380
D	60	110	6,4	1,5	1320	1340	1300
E	40	80	5,0	2,2	1135	1220	1070

Ziehblech Güteklasse V, 2 mm, $\sigma_B = 33{,}5$ kp/mm²
Slope Control = 1, Vor- und Nachpreßzeit = 0,16 sec

Mit zunehmender Schweißzeit und größer werdendem Schweißstrom erhielt man erwartungsgemäß höhere Bruchlasten, während sie bei Zunahme des Elektrodendruckes kleiner wurden. Im Widerspruch zu den aus der Literatur [9] bekannt gewordenen Ergebnissen lag bei diesen Versuchen die Festigkeit der kombinierten Kleb-Schweißverbindungen nicht höher als die einer reinen Metallklebung. Dies erklärt sich dadurch, daß die Schweißbedingungen bei diesen Untersuchungen gemäß der Forschungsaufgabe so gewählt wurden, daß trotz des zusätzlichen Schweißpunktes keine höheren Festigkeitswerte entstanden als bei den nur geklebten Probekörpern. Diese Schweißdaten entsprachen nicht der in der Richtwerttabelle der RWMA (Resistance Welder Manufacturer's Association, USA) vorgeschlagenen Kombination von Elektrodenkraft, Schweißstrom und Schweißzeit zur Herstellung guter Schweißverbindungen (Tab. 3).
Aus den Bruchbildern war zu entnehmen, daß der Klebstoff nur im unmittelbaren Bereich des Punktes wegbrannte, wobei die Größe des Schweißpunktes eine

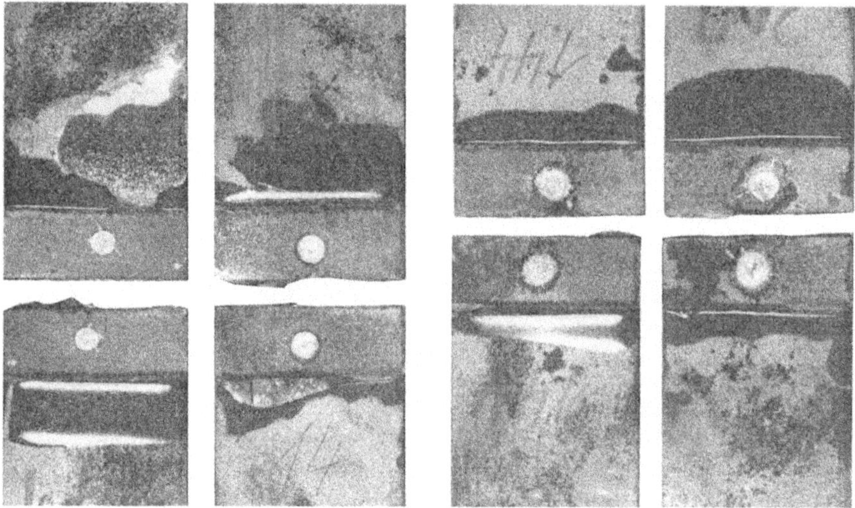

Abb. 11 Schweißpunktausbildung bei zunehmender Schweißzeit

$I_S = 3{,}6$ kA $t_{S1} = 0{,}08$ sec $t_{S3} = 0{,}2$ sec
$E_S = 80$ kp $t_{S2} = 0{,}14$ sec $t_{S4} = 0{,}28$ sec

Abhängigkeit von den gewählten Schweißdaten erkennen ließ (Abb. 11). Man erhielt mit größer werdenden Schweißdaten mehr Gaseinschlüsse und Materialspritzer.

3.2.2 Einfluß der Schweißbedingungen auf die Schlagarbeitsaufnahme

Schlagzugscherversuche an kombinierten Kleb-Schweißverbindungen bestätigten die in Literatur [9] gefundenen Angaben, daß die Schlagarbeitsaufnahme einer

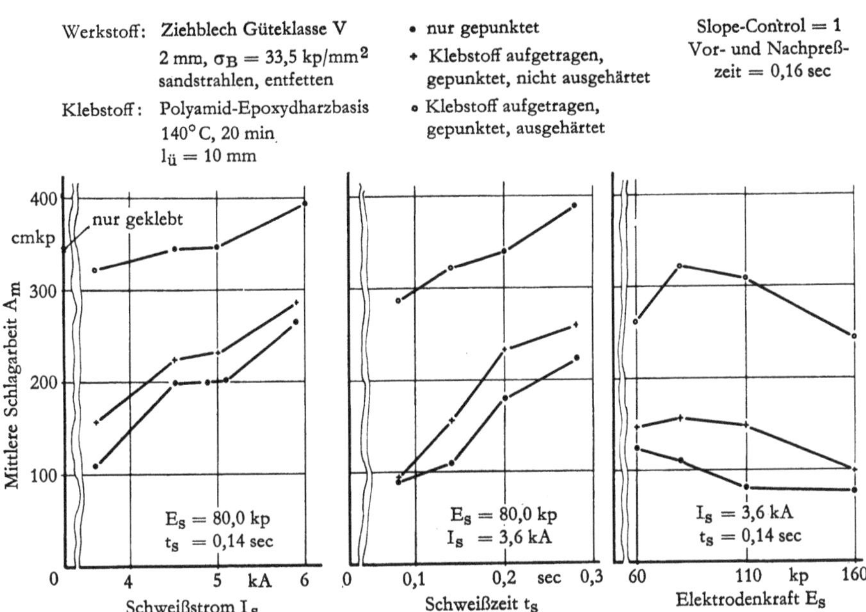

Abb. 12 Einfluß der Schweißbedingungen auf die Schlagarbeitsaufnahme kombinierter Kleb-Schweißverbindungen

Metallklebverbindung durch die Kombination mit dem Schweißen verbessert werden kann (Abb. 12).

Die bei diesen Versuchen an kombinierten Verbindungen ermittelte Schlagarbeit zeigte zwar infolge der niedrigen Schweißdaten, die es bedingen, daß vorwiegend die Klebschicht für die Übertragung der Last verantwortlich zu machen ist, nur geringe Unterschiede gegenüber der Schlagarbeitsaufnahme einer geklebten Verbindung. Es war aber eindeutig zu erkennen, daß mit der Zunahme der Schweißstromstärke und der Schweißzeit eine Verbesserung der Schlagarbeitsaufnahme verbunden ist.

3.2.3 Einfluß des Punktabstandes

Für den praktischen Einsatz dieses kombinierten Fügeverfahrens ist es weiterhin von wissenswertem Interesse, bis zu welchem Punktabstand mit einem genügenden Zusammenhalt der Konstruktionsteile gerechnet werden kann und welche Bindefestigkeiten die Klebschicht zwischen den Punkten liefert.

Fügeteile aus 1 mm dickem Stahlblech, die mit einer Klebstoffzwischenlage bei einem Punktabstand bis zu 372 mm verschweißt wurden und anschließend im Ofen ohne zusätzliche Halterungen aushärteten, erreichten Bindefestigkeiten, die den mit üblichen Fixiervorrichtungen hergestellten Klebverbindungen entsprachen (Abb. 13). Es ist jedoch darauf zu achten, daß die Fügeflächen gut zueinander passen, damit sich keine zu großen Klebschichtdicken zwischen den Punkten ausbilden. Ein sichtbares Verwölben der 1 mm dicken Stahlbleche trat bei den hier gewählten Schweißbedingungen nicht auf. Die Klebschichtdicke

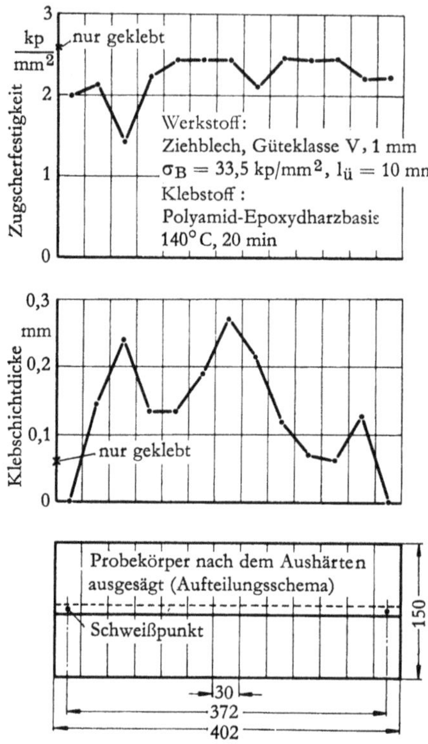

Abb. 13 Kleb-Schweißverbindung mit großem Punktabstand
(Die nur geklebten Probekörper wurden mit einer Klammer fixiert)

nahm jedoch allgemein zur Mitte des Punktabstandes hin zu. Sie war aber, gemessen über die Breite der Überlappung, immer sehr unregelmäßig, was auf die Unebenheiten der Bleche zurückzuführen ist. Im Vergleich zu den Klebverbindungen, die mit einem Klammerdruck von 0,2 kp/cm² fixiert wurden, erhielt man bei den kombinierten Kleb-Schweißverbindungen dickere Klebschichten.

3.2.4 Elektrodeneindrucktiefe

Die durch den geringen Elektrodendruck verursachten Eindrucktiefen in der Oberfläche des Materials blieben klein (Abb. 14), da kein richtiges Aufschmelzen des Materials erfolgte, was unter 3.2.5 noch gezeigt wird. Die Druckstellen wurden mit Hilfe eines Taststiftes und einer Meßuhr ausgemessen.

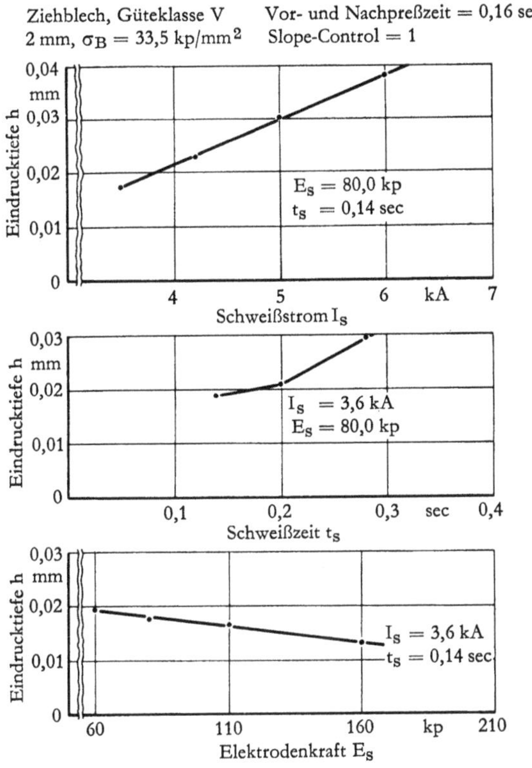

Abb. 14 Elektrodeneindrucktiefe bei Kleb-Schweißverbindungen abhängig von den Schweißbedingungen

3.2.5 Metallographische Untersuchungen

Metallographische Untersuchungen an ausgehärteten Verbindungen, die nach dem kombinierten Metallkleb-Schweißverfahren hergestellt waren, gaben zu erkennen, daß die Schweißstellen bei den hier gewählten niedrigen Schweißströmen und Schweißzeiten keine einwandfreien Schweißlinsen und Schweißgefüge aufwiesen (Abb. 15). Der Zusammenhalt der beiden Fügeteile im Bereich des Schweißpunktes kann nur als ein Heften bezeichnet werden. Diese Stellen haben daher bei einer mechanischen Beanspruchung nur wenig zur Kraftübertragung beigetragen, so daß die Bindefestigkeit in erster Linie von dem Klebstoff bestimmt wurde, wie es auch aus den Versuchsergebnissen hervorging.

Die niedrigen Schweißdaten hatten auch nur eine unwesentliche Beeinflussung des Werkstoffgefüges zur Folge, was sich an Hand von Mikrohärteprüfungen und Gefügeaufnahmen feststellen ließ.

Die Härte des Werkstoffes nahm in der Nähe des Schweißpunktes nur bei hohen Schweißzeiten und Schweißströmen zu (Abb. 16).
In der Gefügeausbildung war nur eine geringe Veränderung infolge der bei diesen Schweißbedingungen auftretenden Temperaturen zu erkennen (Abb. 17).

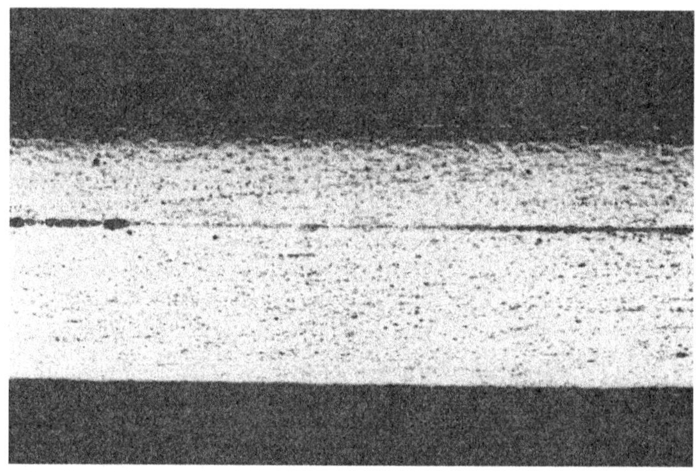

Abb. 15 Schliffbild, reliefpoliert, einer Kleb-Schweißverbindung aus Stahlblechen

$I_S = 3{,}6$ kA $\quad t_S = 0{,}12$ sec
$E_S = 60$ kp $\quad V = 15:1$

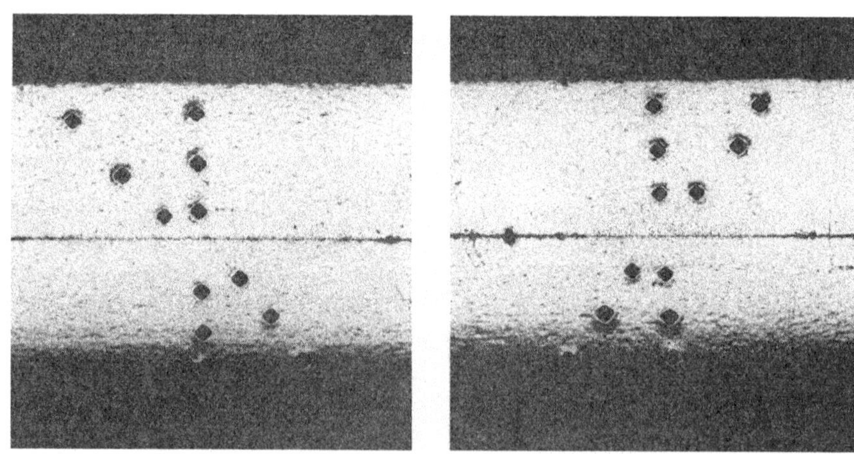

Abb. 16 Mikrohärteprüfungen an Kleb-Schweißverbindungen aus Stahlblechen

$I_S = 3{,}6$ kA $\quad t_{S1} = 0{,}12$ sec $\quad V = 15:1$
$E_S = 60$ kp $\quad t_{S2} = 0{,}20$ sec

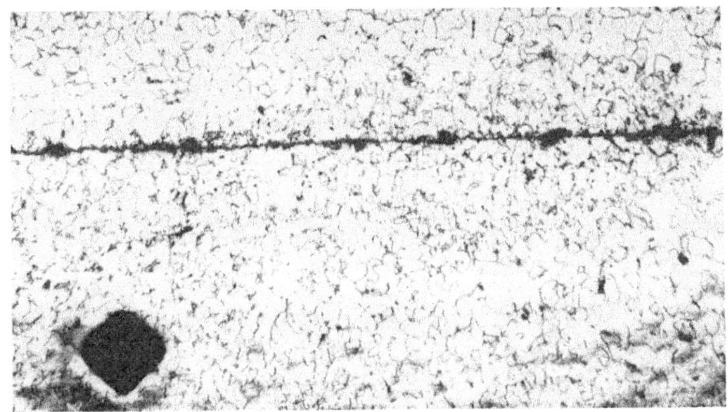

Abb. 17 Gefügebild einer Kleb-Schweißverbindung aus Stahlblechen

$I_S = 3{,}6$ kA $t_S = 0{,}12$ sec
$E_S = 60$ kp $V = 50:1$

3.3 Kleb-Schweißversuche mit Aluminiumblechen

Die Untersuchungen mit Aluminiumblechen der Legierung AlCuMg 2 pl ($\sigma_B = 44$ kp/mm², $\sigma_{0,2} = 31$ kp/mm²), 1 mm dick, wurden im Rahmen dieses Forschungsvorhabens nur mit wenigen Versuchsreihen durchgeführt. Es konnte hierbei grundsätzlich festgestellt werden, daß auch Aluminiumwerkstoffe eine Kombination Kleben–Schweißen zulassen. Bei diesen Versuchen wurden ähnliche Abhängigkeiten der Bruchlast vom Schweißstrom, von der Schweißzeit und vom Elektrodendruck gefunden, wie sie von den Stahlwerkstoffen her bekannt sind (Abb. 18). Aufgezeigt wird hier nur die Abhängigkeit vom Schweißstrom. Aus diesem Diagramm ersieht man, daß bei den Aluminiumwerkstoffen in allen Fällen die Punktfestigkeit einer mit Klebstoffzwischenlage verschweißten Probe niedriger liegt als die der nur gepunkteten Fügeteile. Der Klebstoff wirkt sich negativ auf die Ausbildung einer Schweißverbindung aus.
Die hier gewählten Schweißdaten führten immer zur Ausbildung einer einwandfreien Schweißlinse, deren Größe erwartungsgemäß von den Schweißbedingungen abhängig war (Abb. 19). Ein bloßes Heften der Fügeteile ohne Entstehung eines echten Schweißgefüges, wie es bei den Stahlblechen beobachtet werden konnte, ließ sich nicht erreichen.
Als Nachteil beim Punkten von geklebten Aluminiumblechen mußte jedoch gewertet werden, daß die Verschweißung häufig unter explosionsartigem Knallen und Herausspritzen von Aluminium und Klebstoff zustande kam und daß sogar das ganze Blech punktförmig durchschmolz (Abb. 20). Diese Schwierigkeit, die besonders auftrat, wenn Elektroden mit ebenen Stirnflächen benutzt wurden, konnte aber durch die Wahl einer Elektrodenspitze mit möglichst kleinem Abrundungsradius umgangen werden. Der Elektrodenspitzenradius betrug 75 mm

bei einem Durchmesser der Elektrodenspitze von 7 mm. Beim Arbeiten mit derartigen Elektroden wurde ein Durchbrennen des Bleches nicht mehr wahrgenommen. Diese Elektroden haben den Vorteil, daß sich der Druck von der Mitte her aufbaut und der Klebstoff an den Seiten weggedrückt wird und daß die Erwärmung des Materials von der Punktmitte her beginnt.

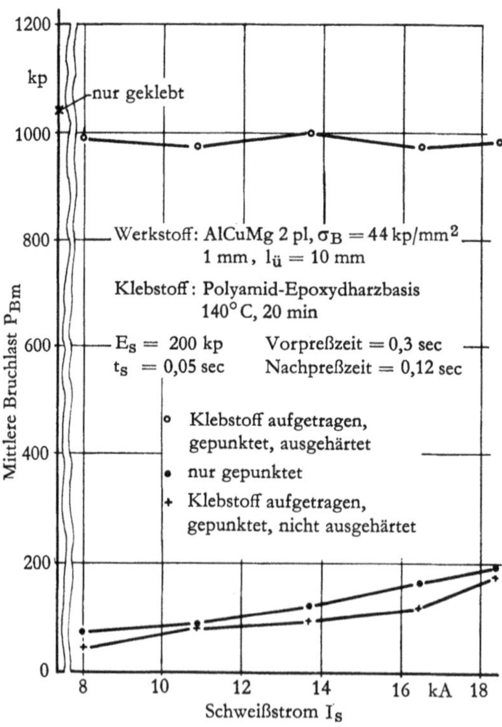

Abb. 18 Bruchlast von Kleb-Schweißverbindungen aus Aluminiumblechen abhängig vom Schweißstrom

a)

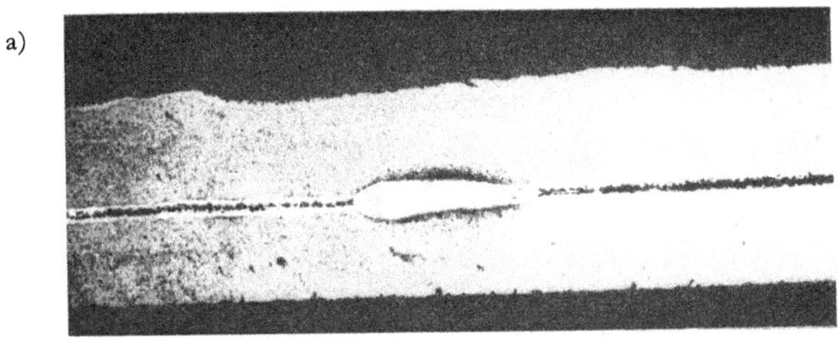

b)

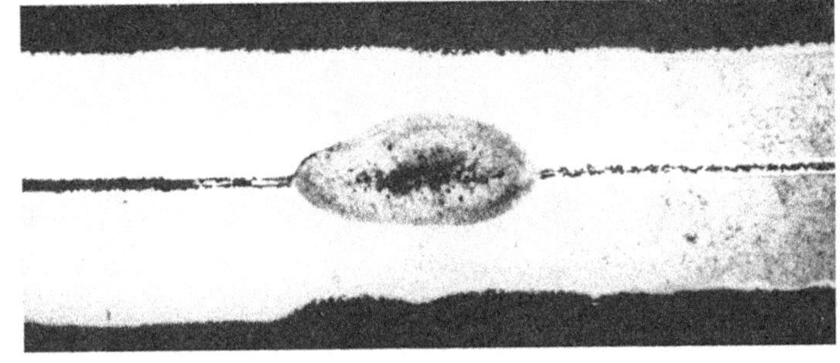

Abb. 19 Schweißlinsen von Kleb-Schweißverbindungen aus Aluminiumblechen

a) ohne Klebstoff	b) mit Klebstoff
$I_S = 8$ kA	$t_S = 0{,}05$ sec
$E_S = 200$ kp	$V = 15:1$

Abb. 20 Explosionserscheinungen an Aluminiumblechen beim kombinierten Kleben-Schweißen

4. Zusammenfassung

Klebstoffe in flüssiger oder pastöser Form ermöglichen bei Stahl- und Aluminiumklebverbindungen ein zusätzliches Widerstandsschweißen. Klebstoffe in Pulver- oder Folienform verhindern es. Ein zusätzliches Schweißen ist bei den zuletzt genannten Klebstoffen nur möglich, wenn der feste Klebfilm an der Schweißstelle entfernt wird, wie es vom Schweißen kunststoffbeschichteter Bleche bekannt ist [12].

Das Punktschweißen kann bei Metallklebungen an Stelle von Fixiervorrichtungen eingesetzt werden. Bei richtiger Wahl der Schweißbedingungen ist mit keinem negativem Einfluß auf die Bindefestigkeit zu rechnen.

Die Festigkeitseigenschaften einer Klebverbindung können durch zusätzliches Punktschweißen verbessert werden.

Das Punktschweißen kann bei Klebstoffen, die für den Abbindeprozeß einen erhöhten Anpreßdruck fordern, um optimale Bindefestigkeiten zu liefern, nicht zur Druckaufbringung verwendet werden.

Den Herren Bürger, Schumacher und Überfeld sei an dieser Stelle für ihre Mitarbeit bei der Durchführung der Versuche gedankt.

Prof. Dr.-Ing. habil. Karl Krekeler
Dipl.-Ing. Friedrich Mittrop

5. Verwendete Abkürzungen

b	mm	Klebbreite
$l_ü$	mm	Überlappungslänge
t_a	h	Aushärtezeit des Klebstoffes
t_t	h	Topfzeit des Klebstoffes
t_s	sec	Schweißzeit
I_s	kA	Schweißstrom
E_s	kp	Elektrodendruck
P_B	kp	Bruchlast
P_{Bm}	kp	mittlere Bruchlast
$P_{B\,max}$	kp	maximale Bruchlast
$P_{B\,min}$	kp	minimale Bruchlast
F_K	cm^2	Klebfläche
A_m	kpm	mittlere Schlagarbeit
σ_B	kp/mm^2	Zugfestigkeit
σ_{Bm}	kp/mm^2	mittlere Zugfestigkeit
$\sigma_{0,2}$	kp/mm^2	Streckgrenze
σ_o	kp/mm^2	Oberspannung beim Zugschwellversuch
σ_u	kp/mm^2	Unterspannung beim Zugschwellversuch
τ_{Bm}	kp/mm^2 (kp/cm^2)	mittlere Zugscherfestigkeit
N		Lastspielzahl
V		Maßstab der Vergrößerung

6. Literaturverzeichnis

[1] DIN 53281, Blatt 1, Juli 1965. Prüfung von Metallklebstoffen und Metallklebungen, Probekörper, Vorbehandlung der Klebflächen.

[2] Mittrop, F., Metallklebverbindungen und ihr Festigkeitsverhalten bei verschiedenen Beanspruchungen. Schweißen und Schneiden 14, 1962, 9, S. 394–401.

[3] Martin, A. F., Konstruktionsklebstoffe, Stand 1963. WGLR-Bericht Nr. 1, 1964, S. 1–42.

[4] Bennet, D. G., H. G. Lefort, R. M. Spriggs, G. H. Haertling und K. N. Parikh, Research on Elevated Temperature Resistant Ceramic Structural Adhesives. Universität von Illinois USA, WADC Technical Report 55–491, Teil I–V, Januar 1956 bis Juni 1960.

[5] Matting, A., Punktweises Schnellaushärten von Metallklebverbindungen. WGLR-Bericht Nr. 1, 1964, S. 43–52.

[6] Steffens, H. D., Dauerfestigkeitsuntersuchungen an geklebten Bauteilen. Bergakademie 1, 1958, S. 25–28.

[7] Schlegel, H., Zeitstand- und Dauerfestigkeitsuntersuchungen an Metall-Klebverbindungen. Schweißtechnik (Wien) 17, 1963, 7, S. 93–99.

[8] Savyrin, V. N., Kleb-Schweißkonstruktionen und ihre Anwendung. Svarocnoe proizvodstvo (Moskau) 5, 1959, 11, S. 8–11.

[9] Savyrin, V. N., Einige Festigkeitsfragen von Kleb-Schweißverbindungen. Svarocnoe proizvodstvo (Moskau) 15, 1962, 4, S. 16–22.

[10] Gelmann, A. S., Widerstandsschweißen. Masgiz 1949.

[11] N. N., Angewandtes Buckelschweißen im Stahlmöbelbau. Brown Boveri Mitteilungen (Baden, Schweiz) 48, 1961, Nr. 8/9, S. 514–522.

[12] Krekeler, K. und G. Wick, Kunststoff-Handbuch, Band II, Polyvinylchlorid. Teil 1: Vom Rohstoff zum Halbzeug und Fertigartikel. Carl Hanser Verlag, München 1963, S. 516–518.

FORSCHUNGSBERICHTE DES LANDES NORDRHEIN-WESTFALEN

Herausgegeben im Auftrage des Ministerpräsidenten Dr. Franz Meyers
von Staatssekretär Prof. Dr. h. c. Dr.-Ing. E. h. Leo Brandt

CHEMIE

HEFT 2
Prof. Dr. phil. Walter Fuchs †, Aachen
Untersuchungen über absatzfreie Teeröle
1952. 27 Seiten, 5 Abb., 6 Tabellen. DM 10,—

HEFT 6
Prof. Dr. phil. Walter Fuchs †, Aachen
Untersuchungen über die Zusammensetzung und Verwendbarkeit von Schwelteerfraktionen
1952. 30 Seiten. DM 10,50

HEFT 7
Prof. Dr. phil. Walter Fuchs †, Aachen
Untersuchungen über emsländisches Petrolatum
1952. 29 Seiten, 1 Abb., 17 Tabellen. DM 10,50

HEFT 16
Max-Planck-Institut für Kohlenforschung, Mülheim/Ruhr
Arbeiten des MPI für Kohlenforschung
1953. 96 Seiten, 9 Abb. Vergriffen

HEFT 25
Gesellschaft für Kohlentechnik mbH, Dortmund-Eving
Struktur der Steinkohlen und Steinkohlen-Kokse
1953. 51 Seiten. Vergriffen

HEFT 30
Gesellschaft für Kohlentechnik mbH, Dortmund-Eving
Kombinierte Entaschung und Verschwelung von Steinkohle; Aufarbeitung von Steinkohlenschlämmen zu verkokbarer oder verschwelbarer Kohle
1953. 49 Seiten, 16 Abb., 10 Tabellen. DM 10,50

HEFT 36
Forschungsinstitut der Feuerfest-Industrie e. V., Bonn
Untersuchungen über die Trocknung von Rohton, Untersuchungen über die technische Reinigung von Silika- und Schamotte-Rohstoffen mit chlorhaltigen Gasen
1953. 51 Seiten, 5 Abb., 5 Tabellen. DM 11,—

HEFT 42
Prof. Dr. Burckhardt Helferich, Bonn
Untersuchungen über Wirkstoffe — Fermente — in der Kartoffel und die Möglichkeit ihrer Verwendung
1953. 47 Seiten, 9 Abb. DM 11,—

HEFT 46
Prof. Dr. phil. Walter Fuchs †, Aachen
Untersuchungen über die Aufbereitung von Wasser für die Dampferzeugung in Benson-Kesseln
1953. 48 Seiten, 18 Abb., 9 Tabellen. DM 11,20

HEFT 55
Forschungsgesellschaft Blechverarbeitung e. V., Düsseldorf
Chemisches Glänzen von Messing und Neusilber
1953. 40 Seiten, 21 Abb., 1 Tabelle. DM 10,20

HEFT 57
Prof. Dr.-Ing. F. A. F. Schmidt, Aachen
Untersuchungen zur Erforschung des Einflusses des chemischen Aufbaues des Kraftstoffes auf sein Verhalten im Motor und in Brennkammern von Gasturbinen. Grundsätzliche Untersuchungen über den Wärmeübergang bei Verbrennungsvorgängen. Wärmeübergang bei zusätzlichen Druckschwingungen im Verbrennungsraum
1954. 59 Seiten, 24 Abb. Vergriffen

HEFT 58
Gesellschaft für Kohlentechnik mbH, Dortmund-Eving
Herstellung und Untersuchung von Steinkohlenschwelteer
1953. 58 Seiten, 9 Abb., 9 Tabellen. DM 13,75

HEFT 59
Forschungsinstitut der Feuerfest-Industrie e. V., Bonn
Ein Schnellanalysenverfahren zur Bestimmung von Aluminiumoxyd, Eisenoxyd und Titanoxyd in feuerfestem Material mittels organischer Farbreagenzien auf photometrischem Wege
Untersuchungen des Alkali-Gehaltes feuerfester Stoffe mit dem Flammenphotometer nach Riehm-Lange
1954. 52 Seiten, 12 Abb., 3 Tabellen. Vergriffen

HEFT 67
Heinrich Wösthoff OHG, Apparatebau, Bochum
Entwicklung einer chemisch-physikalischen Apparatur zur Bestimmung kleinster Kohlenoxyd-Konzentrationen
1954, 83 Seiten, 48 Abb., 2 Tabellen. DM 18,25

HEFT 87
Gemeinschaftsausschuß Verzinken, Düsseldorf
Untersuchungen über Güte von Verzinkungen
1954. 56 Seiten, 56 Abb., 3 Tabellen. Vergriffen

HEFT 88
Gesellschaft für Kohlentechnik mbH, Dortmund-Eving
Oxydation von Steinkohle mit Salpetersäure
1954. 49 Seiten, 2 Abb., 1 Tabelle. Vergriffen

HEFT 108
Prof. Dr. phil. Walter Fuchs †, Aachen
Untersuchungen über neue Beizmethoden und Beizabwässer
I. Die Entzunderung von Drähten mit Natriumhydrid
II. Die Aufbereitung von Beizabwässern
1955. 65 Seiten, 15 Abb., 14 Tabellen, 1 Falttafel. Vergriffen

HEFT 121
Dr. rer. nat. Heinz Krebs,
Chemisches Institut der Universität Bonn
I. Die Struktur und die Eigenschaften der Halbmetalle
II. Die Bestimmung der Atomverteilung in amorphen Substanzen
III. Die chemische Bindung in anorganischen Festkörpern und das Entstehen metallischer Eigenschaften
1955. 109 Seiten, 36 Abb., 13 Tabellen. DM 22,90

HEFT 128
Prof. Dr. Otto Schmitz-DuMont, Bonn
Untersuchungen über Reaktionen in flüssigem Ammoniak
1955. 82 Seiten, 11 Abb., 6 Tabellen. DM 17,75

HEFT 132
Prof. Dr. phil. nat. W. Seith, Münster
Über Diffusionserscheinungen in festen Metallen
1955. 27 Seiten, 19 Abb., 4 Tabellen. DM 9,10

HEFT 133
Prof. Dr. phil. Ernst Jenckel, Aachen
Über einen für Schwermetalle selektiven Ionenaustauscher
1955. 32 Seiten, 8 Abb., 13 Tabellen. DM 9,50

HEFT 134
Prof. Dr.-Ing. Helmut Winterhager, Aachen
Über die elektrochemischen Grundlagen der Schmelzfluß-Elektrolyse von Bleisulfid in geschmolzenen Mischungen mit Bleichlorid
1955. 42 Seiten, 20 Abb., 5 Tabellen. DM 11,80

HEFT 139
Prof. Dr. phil. Walter Fuchs †, Aachen
Studien über die thermische Zersetzung der Kohle und die Kohlendestillatprodukte
1955. 48 Seiten, 20 Abb., 22 Tabellen. DM 11,80

HEFT 141
Dr. phil. J. van Calker und Dr. rer. nat. R. Wienecke, Physikalisches Institut der Universität Münster
Untersuchungen über den Einfluß dritter Analysenpartner auf die spektrochemische Analyse
1955. 25 Seiten, 15 Abb. DM 9,10

HEFT 149
Dr.-Ing. Kamillo Konopicky und Dipl.-Chem. P. Kampa, Forschungsinstitut der Feuerfest-Industrie, Bonn
I. Beitrag zur flammenphotometrischen Bestimmung des Calciums
Dr.-Ing. Kamillo Konopicky, Bonn
II. Die Wanderung von Schlackenbestandteilen in feuerfesten Baustoffen
1955. 37 Seiten, 10 Abb., 5 Tabellen. DM 11,—

HEFT 160
Prof. Dr. Dr. h.c. W. Klemm, Münster
Über neue Sauerstoff- und Fluor-haltige Komplexe
1955. 38 Seiten, 13 Abb., 7 Tabellen. DM 10,80

HEFT 166
Prof. Dr. phil. Mark v. Stackelberg, Dr. rer. nat. H. Heindze, Dr. rer. nat. H. Hübschke und Dr. rer. nat. K. H. Frangen, Bonn
Kolloidchemische Untersuchungen
1955. 94 Seiten, 8 Abb., 13 Tabellen. DM 21,25

HEFT 169
Forschungsinstitut für Pigmente und Lacke, Stuttgart
Leiter: Prof. Dr. rer. nat. Karl Hamann
Arbeiten über die Bestimmung des Gebrauchswertes von Lackfilmen durch physikalische Prüfungen
1955. 58 Seiten, 23 Abb., 4 Tabellen. DM 15,—

HEFT 178
Prof. Dr. phil. Mark v. Stackelberg und
Dr. rer. nat. W. Hans, Bonn
Untersuchungen zur Ausarbeitung und Verbesserung von polarographischen Analysenmethoden
1955. 33 Seiten, 14 Abb. DM 10,50

HEFT 190
Prof. Dr. phil. A. Neuhaus,
Prof. Dr. phil. Otto Schmitz-DuMont und
Dipl.-Chem. H. Reckhard, Bonn
Zur Kenntnis der Alkalititanate
1955. 48 Seiten, 13 Abb., zahlr. Tabellen. DM 12,20

HEFT 193
Prof. Dr. phil. Otto Schmitz-DuMont, Bonn
Untersuchungen über neue Pigmentfarbstoffe
1955. 37 Seiten, 16 Abb., 8 Tabellen. DM 11,20

HEFT 205
Dr. Carl Schaarwächter, Laboratorium für Rostschutz und Oberflächentechnik, Düsseldorf
Überplastische
Kupfer-Eisen-Phosphor-Legierungen
1956. 25 Seiten, 10 Abb., 10 Tabellen. DM 8,30

HEFT 219
Prof. Dr. phil. Walter Fuchs †, Aachen
Untersuchungen zur Holzabfallverwertung und zur Chemie des Lignins
1955. 39 Seiten, 11 Abb., 15 Tabellen. DM 11,40

HEFT 220
Prof. Dr. phil. Walter Fuchs †, Chemisch-technisches Institut der Rhein.-Westf. Technischen Hochschule Aachen
Die Entwicklung neuer Regel- und Kontroll-Apparate zur coulometrischen Analyse
1955. 62 Seiten, 17 Abb., 23 Tabellen. DM 15,50

HEFT 228
Prof. Dr. phil. Franz Wever, Dr. phil. Walter Koch und Dr. rer. nat. B. A. Steinkopf, Max-Planck-Institut für Eisenforschung, Düsseldorf
Spektrochemische Grundlagen der Analyse von Gemischen aus Kohlenmonoxyd, Wasserstoff und Stickstoff
1956. 31 Seiten, 18 Abb., 1 Tabelle. DM 9,90

HEFT 229
Prof. Dr. phil. Franz Wever, Dr. phil. Walter Koch und Dr.-Ing. Hans Malissa, Max-Planck-Institut für Eisenforschung, Düsseldorf
Über die Anwendung disubstituierter Dithiocarbamate der analytischen Chemie
1955. 30 Seiten, 30 Abb., 5 Tabellen. DM 10,50

HEFT 270
Prof. Dr. rer. nat. Heinz Krebs,
Dipl.-Chem. Dr. rer. nat. J. Diewald
Dipl.-Chem. Dr. rer. nat. R. Rasche und
Dipl.-Chem. Dr. rer. nat. J. A. Wagner,
Chemisches Institut der Universität Bonn
Die Trennung von Racematen auf chromatographischem Wege
1956. 49 Seiten, 18 Tabellen. DM 12,95

HEFT 282
Bergrat a. D. Fritz Scherer, Bochum
Das B. T.-Schwelverfahren und seine Anwendung auf der Anlage Marienau
1956. 31 Seiten, 7 Abb. DM 9,60

HEFT 287
Prof. Dr.-Ing. habil. Karl Krekeler, Institut für Kunststoffverarbeitung in Industrie und Handwerk an der Rhein.-Westf. Technischen Hochschule Aachen
Änderungen der mechanischen Eigenschaftswerte thermoplastischer Kunststoffe bei Beanspruchung in verschiedenen Medien
1956. 49 Seiten, 23 Abb., 5 Tabellen. DM 13,70

HEFT 297
Dr. phil. Carl Schaarwächter und
Dr. rer. nat. Werner Schaarwächter, Düsseldorf
Die Reduktion von Siliziumtetrachlorid im Lichtbogen zur nachfolgenden Silizierung von Eisenblechen
1958. 22 Seiten, 12 Abb., 1 Tabelle. DM 8,20

HEFT 303
Prof. Dr.-Ing. Siegfried Kiesskalt, Aachen
Das Institut der Forschungsgesellschaft Verfahrenstechnik e. V. an der Technischen Hochschule Aachen
1956. 64 Seiten, 20 Abb., 3 Tabellen. DM 16,50

HEFT 309
Prof. Dr. phil. Kurt Cruse, Dipl.-Phys. Benno Ricke und Dipl.-Phys. Reinhard Huber, Physikalisch-chemisches Institut der Bergakademie Clausthal-Zellerfeld
Aufbau und Arbeitsweise eines universell verwendbaren Hochfrequenz-Titrationsgerätes
1956. 40 Seiten, 29 Abb. DM 11,90

HEFT 321
Prof. Dr. phil. Franz Wever und Dr. phil. Wolfgang Wepner, Max-Planck-Institut für Eisenforschung, Düsseldorf
Gleichzeitige Bestimmung kleiner Kohlenstoff- und Stickstoffgehalte im *a*-Eisen durch Dämpfungsmessung
1956. 17 Seiten, 4 Abb., 3 Tabellen. DM 6,80

HEFT 327
Prof. Dr.-Ing. habil. Karl Krekeler und Dr.-Ing. Heinz Peukert, Institut für Kunststoffverarbeitung in Industrie und Handwerk an der Rhein.-Westf. Technischen Hochschule Aachen
Beitrag zur thermoelastischen Formbarkeit von Polyäthylen
1956. 44 Seiten, 49 Abb., 9 Tabellen. DM 12,80

HEFT 367
Dr. rer. nat. Dietrich Horstmann, Max-Planck-Institut für Eisenforschung und Gemeinschaftsausschuß Verzinken, Düsseldorf
Der Angriff eisengesättigter Zinkschmelzen auf kohlenstoff-, schwefel- und phosphorhaltiges Eisen
1957. 42 Seiten, 22 Abb., 6 Tabellen. DM 12,85

HEFT 372
Prof. Dr. phil. Mark v. Stackelberg, Bonn
Untersuchungen zur Ausarbeitung und Verbesserung von polarographischen Analysenmethoden 2. Bericht
1957. 34 Seiten, 9 Abb., 7 Tabellen. DM 10,15

HEFT 400
Prof. Dr. phil. Walter Fuchs † und
Dr. rer. nat. Hans Weyerstrass, Institut für Chemische Technologie der Rhein.-Westf. Technischen Hochschule Aachen
Entwicklung eines Heißfilters zur Reinigung von Gichtgas eines mit Kohle betriebenen Niederschachtofens
1958. 88 Seiten, 30 Abb. DM 20,20

HEFT 401
Prof. Dr.-Ing. Maria Lipp, Aachen, und
Dr. rer. nat. Dipl.-Chem. Gunhild Frielingsdorf, Düren
Darstellung reaktionsfähiger Verbindungen des Camphansystems und Versuche zu deren Fluorierung
1957. 74 Seiten. DM 17,—

HEFT 406
Werner Kirsch, Leverkusen-Rheindorf
Entwicklungsarbeiten auf dem Gebiet des Korrosionsschutzes und der Abdichtung
1957. 76 Seiten, 28 Abb., 11 Tabellen. DM 19,—

HEFT 409
Prof. Dr. phil. Franz Wever, Dr. phil. Walter Koch, Dr. rer. nat. Christa Ilschner-Gensch und Dipl.-Phys. Helga Rohde, Max-Planck-Institut für Eisenforschung, Düsseldorf
Das Auftreten eines kubischen Nitrids in aluminiumlegierten Stählen
1957. 26 Seiten, 12 Abb., 3 Tabellen. DM 10,10

HEFT 463
Dipl.-Ing. Gerhard Plüss,
Gaswärme-Institut Essen-Steele,
Wissenschaftliche Leitung:
Prof. Dr.-Ing. Fritz Schuster
Die Aufteilung der verbrennlichen Bestandteile in Verbrennungsgasen auf CO und H_2 bei Verbrennung mit Luftunterschuß und bei Luftüberschuß und künstlicher Flammenkühlung
1957. 22 Seiten, 7 Abb., 2 Tabellen. DM 8,40

HEFT 485
Prof. Dr. phil. Ernst Jenckel, Dr. Hanns Wilsing, Dr. Harald Dörffurt und Dipl.-Phys. Heinz Rinkens
Kristallisation der Hochpolymeren
1958. 50 Seiten, 20 Abb. DM 15,70

HEFT 491
Hydrogeologie und Tektonik. Teil I
Geologisch-Paläontologisches Institut der Universität Münster
Prof. Dr. Franz Lotze, Münster
Zur Frage der Beziehungen zwischen Chloridgehalt des Grundwassers und Tektonik
Dr. Klaus Kötter, Essen
Die Chloridgehalte des oberen Emsgebietes und ihre Beziehungen zur Hydrogeologie
1958. 193 Seiten, 37 Abb., 17 Tabellen. DM 50,80

HEFT 495
Prof. Dr. phil. Dipl.-Ing. Erik Asmus und
Dr. rer. nat. Hans-Friedrich Kurandt, Berlin
Einige analytische Anwendungen der Zincke-Königschen Reaktion
1958. 34 Seiten, 14 Abb., 7 Tabellen. DM 11,45

HEFT 503
Dr. rer. nat. Josef Faßbender,
Institut für theoretische Physik Bonn
Untersuchungen über die Eigenschaften von Cadmiumsulfid-Sandwich-Zellen
1957. 24 Seiten, 7 Abb. DM 8,80

HEFT 515
Prof. Dr. phil. habil. Hans Ernst Schwiete und Dr.-Ing. Christoph Hummel, Institut für Gesteinshüttenkunde der Rhein.-Westf. Technischen Hochschule Aachen
Thermochemische Untersuchungen im System SiO_2 und $Na_2O—SiO_2$
1958. 110 Seiten, 29 Abb., 28 Tabellen. DM 28,—

HEFT 525
Prof. Dr. Dr. h.c. Hans Paul Kaufmann und
Dr. Friedrich Weghorst,
Deutsches Institut für Fettforschung, Münster
Beiträge zur Chemie und Technologie der Fetthärtung I
1958. 106 Seiten, 26 Abb., 14 Tabellen. DM 26,80

HEFT 540
Prof. Dr. rer. nat. Heinz Krebs,
Chemisches Institut der Universität Bonn
Die katalytische Aktivierung des Schwefels
1958. 64 Seiten, 9 Abb., 4 Tabellen. DM 18,30

HEFT 541
Prof. Dr. Otto Schmitz-DuMont, Bonn
Reaktionen in flüssigem Ammoniak zur Gewinnung von 1. Titanylamid, 2. Oxykobalt (III)-amiden, 3. Ammonobasischen Kobalt (III)-benzylaten
1958. 56 Seiten, 11 Abb. DM 16,80

HEFT 568
Prof. Dr. Dr. h. c. Dr. E. h. Kurt Adler †,
Dipl.-Chem. Manfred Dollhausen und
Dipl.-Chem. Max Fremery,
Chemisches Institut der Universität Köln
Über einige neue Reaktionen des Indens
1958. 64 Seiten, 13 Abb. DM 19,50

HEFT 575
Prof. Dr. phil. habil. Carl Kröger, Aachen
Verkokungsverhalten der Steinkohlenmacerale und ihrer Mischungen
1958. 58 Seiten, 18 Abb., 19 Tabellen. DM 18,70

HEFT 576
Prof. Dr. Fritz Micheel und
Dr. Hans Georg Bussmann, Münster
Untersuchung synthetischer Kohlenhydrat-Eiweißverbindungen mit der Ultracentrifuge bei der Elektrophorese
1958. 145 Seiten, 63 Abb., 13 Tabellen. DM 37,10

HEFT 580
Prof. Dr.-Ing. habil. August Götte und Dr.-Ing. Gisela Scholz, Institut für Aufbereitung, Kokerei und Brikettierung der Rhein.-Westf. Technischen Hochschule Aachen
Unterstützung der Entwässerung von Feinkohle durch chemische Hilfsmittel
1958. 245 Seiten, 28 Abb., zahlr. Tabellen. DM 52,50

HEFT 589
Prof. Dr. phil. habil. Carl Kröger, Institut für Brennstoffchemie der Rhein.-Westf. Technischen Hochschule Aachen
Wärmebedarf der Silikatglasbildung
1958. 65 Seiten, 5 Abb., 28 Tabellen. DM 18,70

HEFT 645
Dr.-Ing. Werner Kleinlein, Forschungsinstitut Verfahrenstechnik an der Rhein.-Westf. Technischen Hochschule Aachen
Das Fließverhalten dispers-plastischer Massen im Walzspalt
1958. 56 Seiten, 24 Abb., 1 Tabelle. DM 15,—

HEFT 653
Prof. Dr. Karl Hamann und Dr. Werner Funke, Forschungsinstitut für Pigmente und Lacke, Stuttgart
Die Schutzwirkung organischer Inhibitoren in wäßriger Lösung gegenüber Eisen
1958. 71 Seiten, 31 Abb. DM 18,70

HEFT 656
Prof. Dr. Ernst Jenckel und Dr. Helmuth Huhn, Institut für theoretische Hüttenkunde und physikalische Chemie der Rhein.-Westf. Technischen Hochschule Aachen
Das Verkleben von Aluminium mit carboxylsubstituierten Polystrolen
1958. 42 Seiten, 16 Abb., 3 Tabellen. DM 11,60

HEFT 666
Prof. Dr.-Ing. habil Karl Krekeler, Dr.-Ing. Heinz Peukert und Dipl.-Ing. Bernhard Frerichmann, Institut für Kunststoffverarbeitung an der Rhein.-Westf. Technischen Hochschule Aachen
Die Infraroterwärmung an thermoplastischen Kunststoffen
1959. 82 Seiten, 77 Abb., 5 Tabellen. DM 22,60

HEFT 685
Prof. Dr. Adolf Dietzel, Prof. Dr. Heinz Jagodzinski und Dr. Horst Scholze, Max-Planck-Institut für Silikatforschung, Würzburg
Untersuchungen an technischem Siliziumcarbid
1959. 42 Seiten, 5 Abb., 9 Tabellen. DM 11,60

HEFT 704
Prof. Dr. phil. Walter Koch, Max-Planck-Institut für Eisenforschung, Düsseldorf, Dr. rer. nat. Christa Ilschner-Gensch, Essen und Dr. rer. nat. Ahamedulla Khan, Bangalore (Indien)
Das Verhalten des Phosphors bei der Isolierung
1959. 27 Seiten, 17 Abb., 5 Tabellen. DM 8,90

HEFT 709
Dozent Dr. Karl-Dietrich Gundermann unter Mitarbeit von Dr. Rainer Thomas, Dipl.-Chem. Gerhard Holtmann, Dipl.-Chem. Roswitha Huchting und Dipl.-Chem. Hans Rose aus dem Organisch-Chemischen Institut der Universität Münster
Synthesen mit *a*-Chlor-acrylsäure-Derivaten
1959. 81 Seiten, 7 Abb., 11 Tabellen. DM 20,50

HEFT 710
Prof. Dr. phil. Mark v. Stackelberg, Institut für Physikalische Chemie der Universität Bonn
Untersuchungen zum Stoffwechsel der Augenlinse
1959. 49 Seiten, 10 Abb., DM 11,50

HEFT 711
Dr.-Ing. Kurt Alberti, Forschungslaboratorium des Bundesverbandes der Deutschen Kalkindustrie e. V., Köln
Einfluß der chemischen Zusammensetzung des Anmachewassers auf die Festigkeit von Kalkmörteln
1959. 50 Seiten, 4 Abb., 20 Tabellen. DM 13,10

HEFT 727
Prof. Dr. phil. habil. Carl Kröger, Institut für Brennstoffchemie der Rhein.-Westf. Technischen Hochschule Aachen
Eigenschaften und chemische Konstitution der Steinkohlenmacerale
1959. 59 Seiten, 27 Abb., 16 Tabellen. DM 16,20

HEFT 780
Prof. Dr. phil. Franz Wever, Dr.-Ing. Werner Lueg und Dr.-Ing. Paul Funke, Max-Planck-Institut für Eisenforschung, Düsseldorf
Untersuchung von Walzölen und Walzölemulsionen im Kaltwalzversuch
1959. 68 Seiten, 28 Abb., mehr. Tabellen. DM 18,50

HEFT 807
Prof. Dr.-Ing. Maria Lipp und Dr. rer. nat. Dipl.-Chem. Karl-Heinz Maria Tillwich, Institut für Organische Chemie der Rhein.-Westf. Technischen Hochschule Aachen
Darstellung fluorierter Camphanverbindungen
1960. 52 Seiten, 6 Abb. DM 15,—

HEFT 821
Dr. rer. nat. Helmut Berge und Dr. rer. nat. Heribert Dahmen, Agrikulturchemisches Institut Dr. Helmut Berge, Düsseldorf
Die Anwendungsmöglichkeiten der chemischen Luft- und Pflanzenanalyse zur Beurteilung industrieller Immissionen
1959. 58 Seiten, 19 Abb. DM 16,40

HEFT 843
Dipl.-Chem. Wolfgang Schmidt, Dipl.-Chem. Emil Köhler und Dipl.-Ing. Wilhelm Schmidt, Forschungsinstitut der Feuerfestindustrie, Bonn
Flammenspektrometrische Alkalibestimmung im Korund
1960. 13 Seiten, 2 Abb., 1 Tabelle. DM 5,50

HEFT 858
Baudirektor Wolfgang Triebel, Viersen, und Dipl.-Ing. R. Nowak, Frankfurt a. M.
Herstellung von Schmelzphosphat-Dünger bei hygienischer Aufbereitung und Vernichtung von Stadtmüll
1960. 40 Seiten, 4 Abb., 12 Tabellen. DM 11,50

HEFT 863
Prof. Dr. phil. habil. Carl Kröger, Institut für Brennstoffchemie der Rhein.-Westf. Technischen Hochschule Aachen
Das elektrische und Wärme-Leitvermögen von Glasgemengen und Glasschmelzen
1960. 59 Seiten, 39 Abb., 12 Tabellen. DM 17,80

HEFT 866
Prof. Dr. Fritz Micheel und Dr. Wolfgang Heinemann, Organisch-Chemisches Institut der Universität Münster
Eine neuartige Apparatur zur Hochspannungs-Papierelektrophorese
1960. 15 Seiten, 13 Abb. DM 6,70

HEFT 880
Prof. Dr. Karl-Heinz Hellwege und Dr. Werner Knappe, Deutsches Kunststoff-Institut Darmstadt
Die Festigkeit thermoplastischer Kunststoffe in Abhängigkeit von den Verarbeitungsbedingungen
1960. 63 Seiten, 30 Abb., 8 Tabellen. DM 18,90

HEFT 884
Dr. rer. nat. Hans van Haut und Dr. rer. nat. Dipl.-Chem. Heinrich Stratmann, Kohlenstoffbiologische Forschungsstation e. V., Essen-Bredeney
Experimentelle Untersuchungen über die Wirkung von Schwefeldioxyd auf die Vegetation
1960. 63 Seiten, 27 Abb., 1 Tabelle. DM 18,80

HEFT 932
Prof. Dr. Ernst Jenckel † und Dr. Alfred Nogaj, Physikalisch-Chemisches Institut der Rhein.-Westf. Technischen Hochschule Aachen
Die anormale Diffusion in dem System Polystyrol-Toluol
1961. 42 Seiten, 27 Abb., 3 Tabellen. DM 13,50

HEFT 999
Prof. Dr. Franz Lotze, Geologisch-Paläontologisches Institut der Universität Münster
Prof. Dr. Walter Semmler, Dr. Klaus Kötter und Franz Mausolf †, Essen
Hydrogeologie des Westteils der Ibbenbürener Karbonscholle
1962. 113 Seiten, 45 Abb., 8 Tabellen. DM 36,90

HEFT 1001
Dipl.-Phys. Günter Langner, Institut für Elektronenmikroskopie an der Medizinischen Akademie Düsseldorf
Direktor: Prof. Dr. med. H. Ruska
Die Informationsübertragung bei der Mikroskopie mit Röntgenstrahlen
1961. 125 Seiten, 7 Abb. DM 37,—

HEFT 1046
Dr. Robert Haug, Forschungsinstitut für Pigmente und Lacke e. V., Stuttgart
Die Bestimmung des Agglomerationszustandes von trockenen und dispergierten Pigmenten und dessen Zusammenhang mit anwendungstechnischen Eigenschaften
1961, 49 Seiten, 13 Abb., 19 Tabellen. DM 17,60

HEFT 1051
cand. ing. Harmut Bossel, cand. ing. Walter Heil und Dipl.-Ing. Alfred Puck, Deutsches Kunststoff-Institut Darmstadt
Festigkeit und Steifigkeit von Papierwaben bei Druck- und Schubbeanspruchung
1962. 73 Seiten, 33 Abb., 3 Tabellen. DM 24,80

HEFT 1085
Prof. Dr. phil. habil. Carl Kröger, Dr. rer. nat. Heinz Meier zu Köcker und Dipl.-Chem. Richard Meltzow, Institut für Brennstoffchemie der Rhein.-Westf. Technischen Hochschule Aachen
Untersuchung des Einflusses physikalischer und chemischer Faktoren auf die Verbrennung flüssiger Brennstoffe unter erhöhtem Sauerstoffdruck
1962. 62 Seiten, 53 Abb., 11 Tabellen. DM 31,40

HEFT 1096
Dr.-Ing. Kamillo Konopicky und Dipl.-Chem. Emil Karl Köhler, Forschungsinstitut der Feuerfest-Industrie, Bonn
Die Veränderung der keramisch-technologischen Eigenschaften und des Mineralaufbaues verschiedener Tone beim Brennen
1962. 46 Seiten, 23 Abb., 3 Tabellen. DM 27,50

HEFT 1108
Prof. Dr. Dr. h. c. Hans Paul Kaufmann und Dr. Eugen Schmülling, Institut für Industrielle Fettforschung, Münster
Beiträge zur Chemie und Technologie der Fetthärtung II
1962. 77 Seiten, 23 Abb., 37 Tabellen. DM 32,—

HEFT 1109
Prof. Dr. Dr. h. c. Hans Paul Kaufmann und Dr. Adelheid Tobschirbel, Institut für Industrielle Fettforschung, Münster
Oxydative Veränderungen von Fetten
1962. 59 Seiten, 7 Abb., 10 Tabellen. DM 22,—

HEFT 1114
Dipl.-Chem. Dr. phil. Siegfried Eckhard und Dipl.-Phys. Walter Baum, Max-Planck-Institut für Eisenforschung, Düsseldorf
Über ein physikalisches Verfahren zur Bestimmung des Wasserstoffs im ternären Gemisch mit Stickstoff und Kohlenmonoxyd
1962. 63 Seiten, 31 Abb. DM 39,80

HEFT 1136
Prof. Dr.-Ing. Wilhelm Husmann,
Emschergenossenschaft und Lippeverband, Essen
Chemische und biologische Auswirkungen der Abwasserbelastung des Rheines und Feststellung der Minderung seiner Selbstreinigungskraft
1963. 137 Seiten, 55 Abb., 21 Anlagen, 1 Falttafel. DM 69,50

HEFT 1141
Prof. Dr. phil. Dr. rer. nat. h.c. Burckhardt Helferich,
Chemisches Institut der Universität Bonn
Arbeiten auf dem Gebiet der Sulfonsäuren, insbesondere der ein- und mehrwertigen aliphatischen Sulfonsäuren
1963. 21 Seiten. DM 8,40

HEFT 1142
Prof. Dr. phil. habil. Carl Kröger,
Institut für Brennstoffchemie der Rhein.-Westf. Technischen Hochschule Aachen
Eigenschaften von Hochvakuumteeren, Extrakten und Restkohlen sowie von Chlorierungs- und Sulfonierungsprodukten der Steinkohlen
1963. 56 Seiten, 24 Abb., 24 Tabellen. DM 32,—

HEFT 1153
Prof. Dr.-Ing. Wilhelm Husmann,
Dr. rer. nat. Franz Malz und Helmut Jendreyko,
Emschergenossenschaft, Essen
Beseitigung von Detergentien aus Abwässern und Gewässern
1963. 127 Seiten, 33 Abb., 53 Tabellen. Vergriffen

HEFT 1165
Dr.-Ing. Dietrich George und
Dr. rer. nat. Joachim Karweil,
Bergbau-Forschung, Essen
Herstellung eines reaktionsfähigen Steinkohlenkokses für die Schwefelkohlenstoffgewinnung
1963. 29 Seiten, 4 Abb. DM 10,80

HEFT 1168
Dr. rer. nat. Dipl.-Chem. Max Friedrich,
Forschungsstelle für Brandschutztechnik an der Technischen Hochschule Karlsruhe
Untersuchungen über das Verhalten und die Wirkungsweise verschiedener Trockenlöschmittel
1963. 53 Seiten, 22 Abb., 2 Tabellen. DM 24,80

HEFT 1177
Ord. Prof. Dr. techn. habil. Dipl.-Ing. Joseph Holluta und Dipl.-Chem. Irmgard Brune, Karlsruhe
Untersuchungen über die Mineralöllast des Niederrheins und deren Herkunft
1963. 83 Seiten, 16 Abb., 32 Tabellen. DM 26,—

HEFT 1184
Dr. rer. nat. Dipl.-Chem. Heinrich Stratmann,
Forschungsinstitut für Luftreinigung e. V., Essen
Freilandversuche zur Ermittlung von Schwefeldioxydwirkungen auf die Vegetation II. Teil: Messung und Bewertung der SO_2-Immissionen
1963. 69 Seiten, 11 Abb., 52 Tabellen. DM 33,80

HEFT 1187
Dr. rer. nat. Fritz Glaser und Dipl.-Chem. Gerd Collin, Institut für chemische Technologie der Rhein.-Westf. Technischen Hochschule Aachen
Über rechnerische Methoden zur Feststellung wesentlicher Gleichgewichtswerte der chemischen Thermodynamik am Beispiel von organischen Stickstoffverbindungen
1963. 127 Seiten, zahlreiche Tabellen und Formeln. DM 73,20

HEFT 1188
Dr. rer. nat. Fritz Glaser und Dr. rer. nat. habil. Hans-Georg Schäfer, Institut für chemische Technologie der Rhein.-Westf. Technischen Hochschule Aachen
Über die Aufarbeitung von Rückständen aus der Altschmierölraffination
1964. 39 Seiten, 3 Abb., 13 Tabellen. DM 16,50

HEFT 1206
Prof. Dr. Fritz Micheel, Dr. Helmut Schweppe,
Dr. Paul Albers, Dr. Wolfgang Schminke und
Dr. Wilhelm Leifels,
Organisch-chemisches Institut der Universität Münster
Papierchromatographische Trennung hydrophober Substanzen mit Cellulose-Ester-Papieren
Prof. Dr. Fritz Micheel, Dr. Siegfried Thomas,
Dr. Horst Haneke und Walter Meckstroth,
Organisch-chemisches Institut der Universität Münster
Ein neues Verfahren zur Peptid-Synthese Oxazolidonverfahren
1963. 55 Seiten, 29 Abb., 10 Tabellen. DM 29,80

HEFT 1207
Prof. Dr. Dr. h. c. Hans Paul Kaufmann und
Dr. Horst Schnurbusch,
Deutsches Institut für Fettforschung, Münster
Die Umesterung von Fetten und Ölen
1963. 40 Seiten, 8 Abb., 18 Tabellen. DM 15,80

HEFT 1208
Forschungsinstitut für Pigmente und Lacke e.V., Stuttgart, Leiter: Prof. Dr. Karl Hamann
Untersuchung über die Einwirkung der verschiedenen Bewitterungseinflüsse auf Anstrichfilme
Teil A: Dr. Klaus Gulbins
Über die chemische Veränderung von Lackfilmen, insbesondere von Äthylcellulose, unter der Einwirkung von UV-Licht
Teil B: Dr. Karl-Heinz Reichert, Dipl.-Chem. Klaus Nollen
Untersuchung des Gehaltes an Cis- und Trans-Strukturen in ungesättigten Polyestern mit Hilfe der Infrarotspektroskopie
1963. 79 Seiten, 17 Abb., 15 Tabellen. DM 45,50

HEFT 1213
Dr. rer. nat. Wilhelm Fischer und Dr. rer. nat. Lothar Jaehn, Prüf- und Forschungsinstitut für die Schuhherstellung, Pirmasens
Untersuchung der Beeinflussung der Adhäsions- und Kohäsionsenergie von Klebstoffen
1963. 27 Seiten, 8 Abb., 3 Tabellen. DM 14,—

HEFT 1218
Prof. Dr.-Ing. Dr. rer. nat. h. c. Wilhelm Reerink, Dr. rer. nat. Kurt-Günther Beck und Dr.-Ing. Wilhelm Weskamp, Steinkohlenbergbau-Verein, Essen
I. Die Versuchskokerei des Steinkohlenbergbau-Vereins
II. Der Einfluß der Heizzugtemperatur auf die Hochtemperaturverkokung im Horizontalkammerofen bei Schüttbetrieb
1963. 104 Seiten, 67 Abb., 13 Tabellen. DM 56,—

HEFT 1219
Prof. Dr. Karl-Dietrich Gundermann, Dr. Roswitha Huchting, Dr. Gerhard Holtmann, Dr. Hans-Joachim Rose, Dr. Christian Burba und Dipl.-Chem. Helmut Schulze, Organisch-chemisches Institut der Universität Münster
Untersuchungen an Iso-und Heterocyclen niedriger Ringgröße
1963. 46 Seiten, 5 Abb. DM 29,80

HEFT 1239
Dipl.-Geol. Dr.-Ing. Gert Michel, Geologisches Landesamt Nordrhein-Westfalen, Krefeld
Untersuchungen über die Tiefenlage der Grenze Süßwasser—Salzwasser im nördlichen Rheinland und anschließenden Teilen Westfalens, zugleich ein Beitrag zur Hydrogeologie und Chemie des tiefen Grundwassers
1963. 131 Seiten, 12 Abb., 10 Tabellen, zahlreiche Anlagen. DM 71,—

HEFT 1251
Dr.-Ing. Werner Noack, Emschergenossenschaft, Essen
Die Schlammbehandlung in städtischen Kläranlagen unter besonderer Berücksichtigung der Schlammvergasung
1964. 84 Seiten, 25 Abb., 10 Tabellen. DM 43,—

HEFT 1256
Prof. Dr. rer. nat. Günther O. Schenck und Dr. rer. nat. Klaus Gollnick, Max-Planck-Institut für Kohlenforschung, Abteilung Strahlenchemie, Mülheim-Ruhr
Über die schnellen Teilprozesse photosensibilisierter Substrat-Übertragungen.
Untersuchungen über Chemismus und Kinetik der durch Xanthenfarbstoffe photosensibilisierten O_2-Übertragungen
1963. 141 Seiten, zahlreiche Abbildungen und Tabellen. DM 87,—

HEFT 1274
Dr. Erno Wieser und Prof. Dr. Ernst Jenckel †, Institut für physikalische Chemie der Rhein.-Westf. Technischen Hochschule Aachen
Die Spannungskorrosion von Polymethacrylsäuremethylester und ihre Ursachen
1963. 55 Seiten, 33 Abb., 5 Tabellen. DM 26,50

HEFT 1303
Dipl.-Chem. Dr. rer. nat. Bernhard Fell, und Dipl.-Chem. Reinhard Ulbrich, im Auftrag von Prof. Dr.-Ing. habil. Friedrich Asinger, Institut für Technische Chemie der Rhein.-Westf. Technischen Hochschule Aachen
Synthesen mit Kohlenmonoxyd. Darstellung von Formamidderivaten und Heterocyclen durch Umsetzung organischer Stickstoffbasen mit Kohlenmonoxyd unter Druck
1964. 92 Seiten, 12 Abb., 13 Tabellen. DM 41,60

HEFT 1325
Prof. Dr. Gerhard Fritz, Anorganisch- Chemisches Institut der Universität Münster i. W., jetzt Institut für Anorganische Chemie und Analytische Chemie der Universität Gießen
Untersuchungen an Silicium-methylenen und Silicium-Phosphor-Verbindungen
1964, 33 Seiten, 3 Tabellen. DM 18,—

HEFT 1361
Dr. rer. nat. Ulrich Zorll, Forschungsinstitut für Pigmente und Lacke e.V., Stuttgart
Leiter: Prof. Dr. Karl Hamann, Stuttgart
Ein Torsionsschwingungsgerät zur Bestimmung viskoelastischer Kerngrößen von Anstrichfilmen
1964. 41 Seiten, 15 Abb. DM 19,50

HEFT 1389
Prof. Dr. Otto Schmitz-Du Mont, Dr. Hedwig Brokopf, Dr. Klaus Burkhardt, Dipl.-Chem. Claus Friebel, Bonn, Dr. Mahmond Hassanein, Kairo, Dr. Heinrich Lange, Köln und Dr. Dirk Reinen, Anorganisch-Chemisches Institut der Universität Bonn
Farbe und Konstitution anorganischer Feststoffe (Pigmente)
I. Über die Lichtabsorption des zweiwertigen Kobalts nach isomorphem Einbau in oxidische Wirtsgitter
1964. 68 Seiten, 21 Abb., 17 Tabellen. DM 38,50

HEFT 1430
Prof. Dr. Almuth Klemer, Dr. Kurt Homberg, Dipl.-Chem. Heinz Lukowski und Dipl.-Chem. Franz Zerhusen
Organisch-Chemisches Institut der Universität Münster
Synthesen und Abbau von Oligosacchariden mit verzweigten Ketten
1965. 44 Seiten, zahlreiche Abbildungen und Tabellen. DM 23,80

HEFT 1482
Prof. Dr. Theo Heumann und Dr. Richard Schürmann, Institut für Metallforschung der Universität Münster
Über die Beeinflussung der Passivierbarkeit aktiver Metalle durch Zulegieren von Chrom und Nickel
1965. 43 Seiten, 27 Abb. DM 23,50

HEFT 1488
Prof. Dr. phil. habil. Carl Kröger
Institut für Brennstoffchemie der Rhein.-Westf. Technischen Hochschule Aachen
Anlagerung von Äthylen an Steinkohlen (Steinkohlenalkylierung)
1965. 62 Seiten, 17 Abb., 30 Tabellen. DM 35,50

HEFT 1510
Dipl.-Chem. Dr. Gerhard Herre
Bergwerksgesellschaft Hibernia AG., Herne, mit Unterstützung des Vereins Deutscher Ingenieure e.V., Fachgruppe Heizung und Lüftung Düsseldorf
Beeinflussung und Verminderung der Korrosion von Eisen, Kupfer, Zink in industriellen Brauchwässern
1965. 61 Seiten. 45 Abb., 9 Tabellen. DM 31,—

HEFT 1517
Bergbau-Forschung GmbH., Forschungsinstitut des Steinkohlenbergbauvereins, Essen
Untersuchungen zur Herstellung von Spezialkoksen in Vertikalkammeröfen
1965. 51 Seiten, 25 Abb. 29 Tabellen. DM 29,80

HEFT 1543
Prof. Dr. Armin Schneider, Dr. H. Cordes, Dr. H. Kribbe† Dr. H. Runge, Dr. J. Stendel, Dr. G. Strauss und Dipl.-Chem. H.-A. Joel
Anorganisch-chemisches Institut der Bergakademie Clausthal
Chemische Beiträge zur Metallurgie des Magnesiums und seiner Legierungen *In Vorbereitung*

HEFT 1556
Prof. Dr. Dr. h. c. Dr. E. h. Hans Paul Kaufmann und Dr. rer. nat. Bernhard Gruthues
Institut für Industrielle Fettforschung, Münster
Beitrag zur Veredelung von Fetten und Ölen
In Vorbereitung

HEFT 1561
Prof. Dr. phil. Walter Fuchs† und Dipl.-Chem. Dr. rer. nat. Fritz Glaser, Abgeschlossen und zusammengestellt von Dipl.-Chem. Dr. rer. nat. Bernhard Fell, im Auftrage von Prof. Dr.-Ing. habil. Friedrich Asinger
Institut für Technische Chemie der Rhein.-Westf. Technischen Hochschule Aachen
Zur Frage der Schwelung von Steinkohlen und der Möglichkeiten der Verwertung der Schwelprodukte
In Vorbereitung

HEFT 1562
Prof. Dr.-Ing. habil. Friedrich Asinger, Dipl.-Chem. Dr. rer. nat. Bernhard Fell und Dipl.-Chem. Johannes M. J. Tetteroo
Institut für Technische Chemie der Rhein.-Westf. Technischen Hochschule Aachen
Über die Einführung von Fluor in organische Verbindungen und zur Kenntnis der Fluorierung des Chloracetadehyds mit Schwefeltetrafluorid
In Vorbereitung

HEFT 1564
Prof. Dr.-Ing. Alfred H. Henning†, Prof. Dr.-Ing. habil. Karl Krekeler und Dipl.-Ing. Friedrich Mittrop
Institut für Kunststoffverarbeitung in Industrie und Handwerk an der Rhein.-Westf. Technischen Hochschule Aachen, in Zusammenarbeit mit der Forschungsgesellschaft Blechverarbeitung e. V., Düsseldorf
Untersuchungen über die Kombination Metallkleben–Punktschweißen

HEFT 1565
Dr. rer. nat. Ulrich Zorll, Forschungsinstitut für Pigmente und Lacke e. V., Stuttgart
Leiter: Prof. Dr. Karl Hamann
Methode zur Messung des »Verlaufs« von flüssigen Anstrichschichten
1965. 45 Seiten, 25 Abb. DM 23,80

HEFT 1568
Prof. Dr. Dr. h. c. Dr. E.h. Hans Paul Kaufmann, Prof. Dr. Artur Seher, Dr. Auguste Mankel und Dr. Karl Lehmann
Deutsches Institut für Fettforschung, Münster
Die Anwendung der Gas-Chromatographie auf dem Fettgebiet mit besonderer Berücksichtigung der pharmazeutischen Analyse *In Vorbereitung*

HEFT 1571
Dr. phil. Heinz Kudielka und M. Sc. Teruo Yukitoshi, Max-Planck-Institut für Eisenforschung, Düsseldorf
Röntgenfluoreszenz-Untersuchungen an kleinen Feststoff-Oberflächen und konzentrierten Salzlösungen *In Vorbereitung*

HEFT 1594
Prof. Dr.-Ing. habil. Friedrich Asinger und Mitarbeiter und Dipl.-Chem. Heribert Offermanns
Institut für Technische Chemie der Rhein.-Westf. Technischen Hochschule Aachen
Synthesen mit Ketonen, Schwefel und Amoniak bzw. Aminen und chemisches Verhalten der Reaktionsprodukte *In Vorbereitung*

HEFT 1595
Prof. Dr. Heinz Krebs, N. Bernhardt, H. U. Gruber, M. Haucke, H. Hermsdorf, F. Schultze-Gebhardt, R. Steffen, R. Thees, H. Weyand, L. Winkler
Chemisches Institut der Universität Bonn und Laboratorium für anorganische Chemie der Technischen Hochschule Stuttgart
Über die Bestimmung der Atomverteilung in amorphen Substanzen und Schmelzen
In Vorbereitung

HEFT 1600
Prof. Dr.-Ing. habil. Adolf Dietzel, Würzburg
In Zusammenarbeit mit der Forschungsgesellschaft Blechverarbeitung e. V., Düsseldorf
Einfluß des Wasserdampfgehaltes der Ofenatmosphäre auf den Stahlblech-Emaillierprozeß
In Vorbereitung

HEFT 1624

Dr. rer. nat. Hans Jochen Kuhn, Dipl.-Chem. Otto-Albrecht Neumüller und Prof. Dr. rer. nat. Günther O. Schenck

Max-Planck-Institut für Kohlenforschung, Abteilung Strahlenchemie, Mülheim

Photochemische und thermische Umwandlungen einiger Colchicum-Alkaloide und ihrer Lumiverbindungen *In Vorbereitung*

HEFT 1638

Prof. Dr.-Ing. habil. Friedrich Asinger, Dr. rer. nat. Bernhard Fell, Dr. rer. nat. Klaus Schrage und Dr. rer. nat. Gerd Collin

Institut für Technische Chemie der Rhein.-Westf. Technischen Hochschule Aachen

Zum Problem der Bindungsisomerisierung bei höhermolekularen Monoolefinen durch thermisch oder photochemisch aktivierte Metallcarbonyle

In Vorbereitung

Verzeichnisse der Forschungsberichte aus folgenden Gebieten können beim Verlag angefordert werden:

Acetylen/Schweißtechnik – Arbeitswissenschaft – Bau/Steine/Erden – Bergbau – Biologie – Chemie – Eisenverarbeitende Industrie – Elektrotechnik/Optik – Energiewirtschaft – Fahrzeugbau/Gasmotoren – Druck/Farbe/Papier/Photographie – Fertigung – Funktechnik/Astronomie – Gaswirtschaft – Holzbearbeitung – Hüttenwesen/Werkstoffkunde – Kunststoffe – Luftfahrt/Flugwissenschaften – Luftreinhaltung – Maschinenbau – Mathematik – Medizin/Pharmakologie/NE-Metalle – Physik – Rationalisierung – Schall/Ultraschall – Schifffahrt – Textilforschung – Turbinen – Verkehr – Wirtschaftswissenschaften.

WESTDEUTSCHER VERLAG · KÖLN UND OPLADEN
567 Opladen/Rhld., Ophovener Straße 1–3

GPSR Compliance
The European Union's (EU) General Product Safety Regulation (GPSR) is a set of rules that requires consumer products to be safe and our obligations to ensure this.

If you have any concerns about our products, you can contact us on

ProductSafety@springernature.com

In case Publisher is established outside the EU, the EU authorized representative is:

Springer Nature Customer Service Center GmbH
Europaplatz 3
69115 Heidelberg, Germany

www.ingramcontent.com/pod-product-compliance
Ingram Content Group UK Ltd.
Pitfield, Milton Keynes, MK11 3LW, UK
UKHW061658190726
13853UKWH00008B/2276
* 9 7 8 3 6 6 3 0 6 5 5 6 2 *